新工科建设之路·数据科学与大数据系列

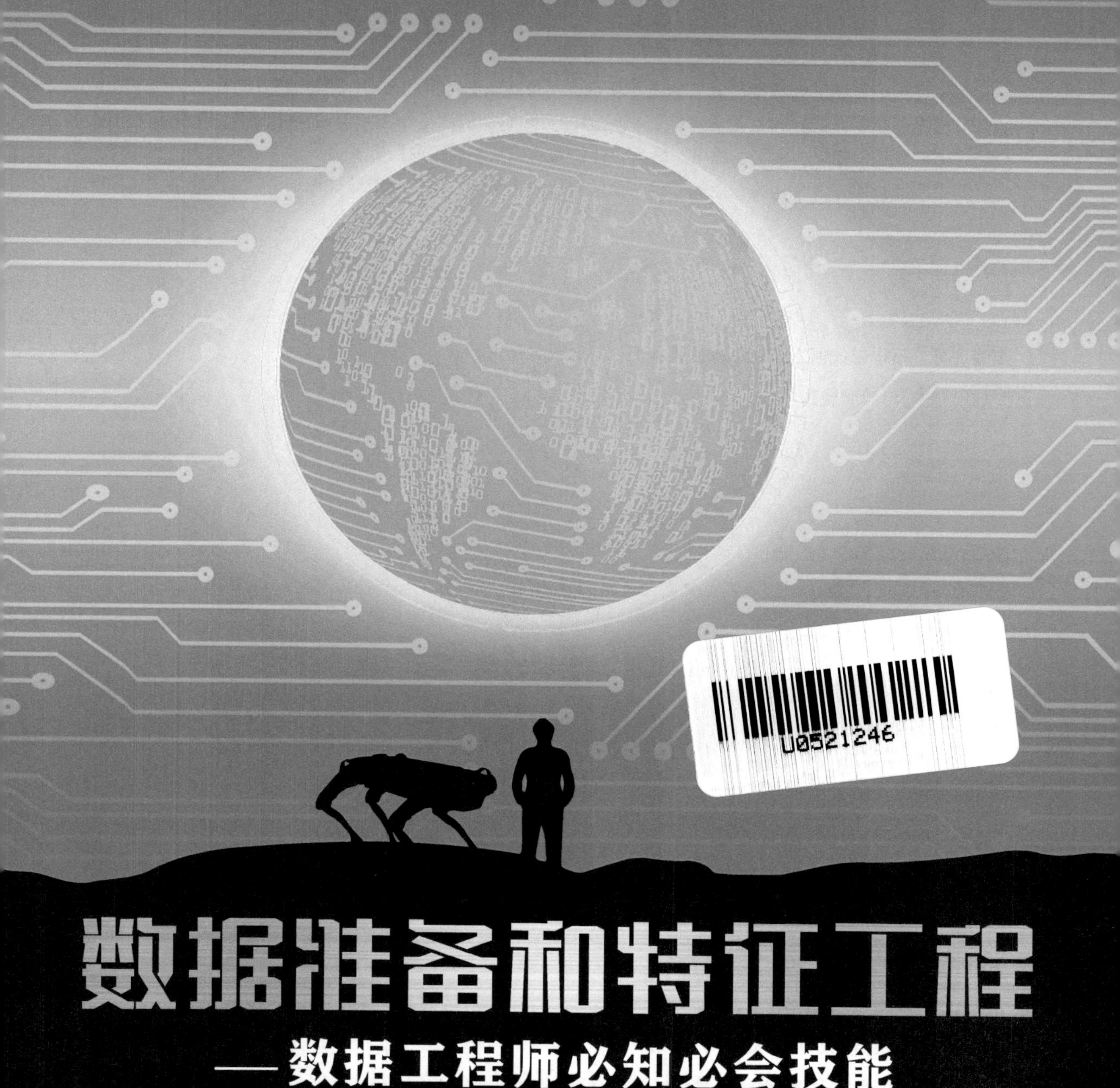

数据准备和特征工程
——数据工程师必知必会技能

齐 伟 ◎ 编著

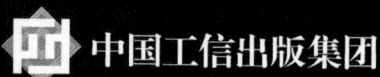

内 容 简 介

本书详细地介绍了大数据、人工智能等项目中不可或缺的环节和内容：数据准备和特征工程。书中的每节首先以简明方式介绍了基本知识；然后通过实际案例演示了基本知识的实际应用，并提供了针对性练习项目，将"知识、案例、练习"融为一体；最后以"扩展探究"方式引导读者进入更深广的领域。

本书既适合作为大学相关专业的教材，也适合作为大数据、人工智能等领域的开发人员的参考读物。

未经许可，不得以任何方式复制或抄袭本书之部分或全部内容。
版权所有，侵权必究。

图书在版编目（CIP）数据

数据准备和特征工程：数据工程师必知必会技能 / 齐伟编著 . —北京：电子工业出版社，2020.3
ISBN 978-7-121-38263-5

Ⅰ . ① 数… Ⅱ . ① 齐… Ⅲ . ① 数据处理—高等学校—教材 ② 人工智能—高等学校—教材
Ⅳ . ① TP274 ② TP18

中国版本图书馆 CIP 数据核字（2020）第 020000 号

责任编辑：章海涛　　特约编辑：张燕虹
印　　刷：河北虎彩印刷有限公司
装　　订：河北虎彩印刷有限公司
出版发行：电子工业出版社
　　　　　北京市海淀区万寿路 173 信箱　邮编：100036
开　　本：787×1 092　1/16　印张：13　字数：332 千字
版　　次：2020 年 3 月第 1 版
印　　次：2025 年 7 月第 11 次印刷
定　　价：48.00 元

凡所购买电子工业出版社图书有缺损问题，请向购买书店调换。若书店售缺，请与本社发行部联系，联系及邮购电话：（010）88254888，88258888。
质量投诉请发邮件至 zlts@phei.com.cn，盗版侵权举报请发邮件至 dbqq@phei.com.cn。
本书咨询联系方式：192910558（QQ 群）。

前言 Preface

在计算机科学中，有一句名言："Garbage in, garbage out"（GIGO）。这句话用到数据科学上也同样成立。另外，数据科学业界中还流传着另一句话："数据和特征决定了机器学习的上限，而模型和算法只是逼近这个上限而已。"

除了"名言"，很多数据科学实践者的项目经验也一再证明高质量的数据永远是排在第一位的。

然而，现实世界的数据存在不完整、噪声、不一致、错误值、离群值、重复等问题。不仅如此，数据集的特征也是形形色色的，有的特征与项目无关，有的特征彼此强相关，还有的数据集因为特征太多而导致耗费极大的计算资源。诸如此类现象，可以概括为一句话："理想很丰满，现实很骨感。"

因此，数据准备和特征工程的工作就成为数据科学项目中不可或缺的环节，每个从业者必须熟练掌握相关操作技能，并能耐心地从事这项工作。实践经验表明，数据准备和特征工程会占用项目开发的绝大部分时间。

本书相对于已有的类似书籍而言，在以下方面更具有特色。

- 强调工程实践，这也是本书作者所有书籍的共同特点。书中通过大量案例，向读者演示了各种方法的具体实现方式。
- 基础与前沿结合。虽然本书在"基础知识"中介绍了相关的基本实现方法，但因为现实项目的复杂性，在具体项目中还会用到各种工具及最新的研发成果，为此专设了"扩展探究"供读者了解更精彩的内容。
- 以案例为载体，传授思想方法。数据科学项目需要严谨、科学的思想方法，这些方法并非通过简单说教就能让读者掌握，本书以"项目案例"为载体，不仅讲述操作技法，而且还让读者体验其中的思想方法，并且在"动手练习"中提供了练习项目，供读者检验和巩固所学内容。

为了给读者使用本书提供更多的资源支持，在此推荐本书作者的微信公众号：老齐教室。通过此微信公众号，可以得到如下资源：

- 使用本书配套的在线实验平台。在实验平台中，读者可以运行本书的所有源码，应用书中所要求的数据集。
- 观看本书配套的视频课程。
- 及时获得本书的勘误内容。
- 阅读与本书相关的其他技术资料。
- 与本书的作者及其他读者进行专业交流。

非常感谢为本书的出版而辛苦工作的各位编辑。

书中内容难免错误，恳请读者不吝赐教。

齐 伟

目录 Contents

第 1 章 感知数据 ········· 001
- 1.0 了解数据科学项目 ········· 001
- 1.1 文件中的数据 ········· 003
  - 1.1.1 CSV 文件 ········· 003
  - 1.1.2 Excel 文件 ········· 009
  - 1.1.3 图像文件 ········· 015
- 1.2 数据库中的数据 ········· 019
- 1.3 网页上的数据 ········· 029
- 1.4 来自 API 的数据 ········· 039

第 2 章 数据清理 ········· 044
- 2.0 基本概念 ········· 045
- 2.1 转化数据类型 ········· 046
- 2.2 处理重复数据 ········· 054
- 2.3 处理缺失数据 ········· 057
  - 2.3.1 检查缺失数据 ········· 058
  - 2.3.2 用指定值填补 ········· 063
  - 2.3.3 根据规律填补 ········· 069
- 2.4 处理离群数据 ········· 076

第 3 章 特征变换 ········· 083
- 3.0 特征的类型 ········· 084
- 3.1 特征数值化 ········· 085
- 3.2 特征二值化 ········· 088
- 3.3 OneHot 编码 ········· 093
- 3.4 数据变换 ········· 098
- 3.5 特征离散化 ········· 104
  - 3.5.1 无监督离散化 ········· 104
  - 3.5.2 有监督离散化 ········· 110
- 3.6 数据规范化 ········· 113

第 4 章 特征选择 ········· 124
- 4.0 特征选择简述 ········· 124
- 4.1 封装器法 ········· 127
  - 4.1.1 循序特征选择 ········· 127
  - 4.1.2 穷举特征选择 ········· 135

    4.1.3　递归特征消除 …… 140
  4.2　过滤器法 …… 144
  4.3　嵌入法 …… 149
第 5 章　特征抽取 …… 154
  5.1[①]　无监督特征抽取 …… 154
    5.1.1　主成分分析 …… 154
    5.1.2　因子分析 …… 161
  5.2　有监督特征抽取 …… 167
附录 A　Jupyter 简介 …… 173
附录 B　NumPy 简介 …… 176
附录 C　Pandas 简介 …… 185
附录 D　Matplotlib 简介 …… 194
后记 …… 199

---

① 注：因没有需要介绍的基本概念和术语，故从 5.1 开始。

第 1 章 感 知 数 据

数据（Data）是很常见的名词，如"大数据""数据驱动决策""数据科学"等。也正是因为常用，所以很难以某种公认的表述定义它。读者在本章可以通过若干示例，初步了解数据的可能来源和读取数据常规方法，亲身体验数据的存在，建立对数据的初步感知。

第 1 章知识结构如图 1-0-0 所示。

> 大数据（Big data）通常指传统软件不足以处理的数据集。随着技术的进步，"大数据"中"大"的标准也在发生变化。

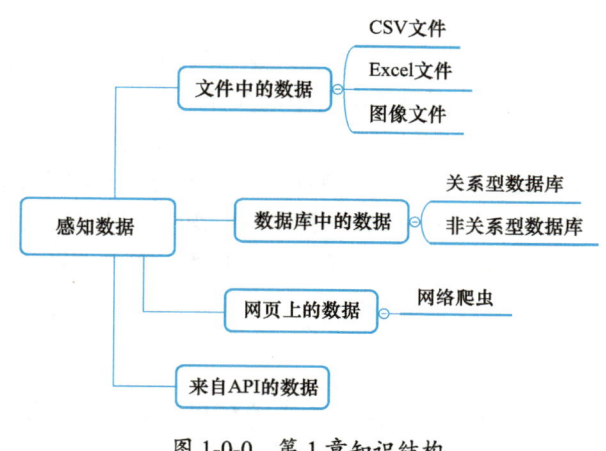

图 1-0-0　第 1 章知识结构

1.0　了解数据科学项目

什么是数据科学？业界对此定义多有不同，在此引用"维基百科"网站的"数据科学"词条部分内容：

"数据科学是一门利用数据学习知识的科学，其目标是通过从数据中提取有价值的部分来生产数据产品。它结合了诸多领域中的理论和技术，包括应用数学、统计、模式识别、机器学习、数据可视化、数据仓库等。"

> "维基百科"中内容丰富，推荐读者参考。

根据这个定义，"数据科学项目"就应该是"生产数据产品"的工程实践，本书内容就是这个工程实践的一部分。

工程，常被认为"工人"按照"操作手册"执行既定操作。的确有的工程如此，那么数据科学的工程是否也有一份"操作手册"呢？本书作者总结的数据科学项目基本过程如图 1-0-1 所示。

在解释图 1-0-1 之前，先要建立如下认识——这些认识都来自实践中的经验教训：

> 扫描二维码，获得本章学习资源

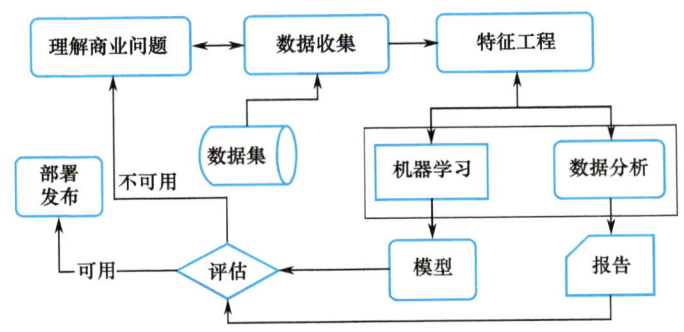

图 1-0-1 本书作者总结的数据科学项目过程

- 对于任何一个实践中的项目，不要寄希望于"操作手册"，更不要迷信著名专家的"名人名言"。
- 不存在"一招鲜吃遍天"，普遍真理是"具体问题具体分析"。

貌似上述认识否定了数据科学项目中的规律。非也！

数据科学项目在实践上没有固定的"操作手册"，但还是要遵循一定章法。这就类似于个人成长发展，每个人的秉性、才智不同，成才道路各有特色，但所有人都遵循着灵长目—人科—人属—智人种生物的普遍生长发育规律。

对于图 1-0-1，不同的研究者会有不同的见解，本书作者也仅是根据个人经验给予简述。

1. 理解商业问题

这是数据科学项目的开始，参与者必须对相应的业务有所了解，并将业务中用描述性语言表述的问题转为"数据问题"——能够通过某些数据回答的问题。

> 理解商业问题不同于理解项目需求，前者更强调对项目本质问题的把握。

2. 数据收集

"数据收集"与"理解商业问题"两者是互动关系。研究收集数据的方法，也是对商业问题的再度理解。例如，一个能够对学生学习过程进行评价和指导的系统所需要收集的数据包括但不限于学生写在作业本上的数据、学校服务器上的学籍数据、公安系统中学生的家庭和社区相关数据等。随着对此问题的深入研究，需要收集的数据还可能根据需求而变化。

运用技术从数据来源获得的数据通常称为"原始数据"。本章在后续各节中将介绍几种常见的数据收集方法。此外，因为数据源和技术的不同，所得到的原始数据格式、质量也会有很大差异，还可能存在重复、矛盾等。因此，必须处理这些数据。与此相关的技术构成了本书的主体内容。

3. 特征工程

特征工程是一个比较广泛的概念，它的起点是得到原始数据之后，终点是进行机器学习或数据分析之前。在这个过程中对数据集所做的操作统称为

"特征工程"——这是本书的界定,业界对"特征工程"有多种定义或说明。具体来讲,本书所界定的特征工程包括"数据清理""特征变换""特征选择"和"特征抽取",是后续各章节内容。

4. 数据生产

如果说第2、3步得到的是数据"原料",本步就是用原料进行"生产"的过程,也就是前面关于"数据科学"的定义中提及的"从数据中提取有价值的部分来生产数据产品"的过程,可以比喻为"生产车间"。图1-0-1中的"数据分析"和"机器学习"只不过是目前常用的两条"生产线"。

> 机器学习是人工智能的基础和重要组成部分。本书所阐述的大多数技术是为机器学习算法而准备的。

5. 评估

不论是机器学习,还是数据分析,其结果都要进行评估。根据评估结果,确定是否采用机器学习所获得的模型或数据分析的报告。

> 在机器学习中,有专门评估模型的算法。

6. 部署和应用

作为商业项目,最终都要把产品部署到商业系统中,比如可能作为某个网站系统的一部分。这样才能让研究出来的算法(模型)处理新的数据,并满足商业需求。

在实际项目中,图1-0-1中的各环节不是截然分开、彼此互不相关的,也不是机械地按照单一方向进行的。

- 本书阐述的"数据准备和特征工程",不只是在"数据收集"和"特征工程"环节实施,还可能贯穿整个项目过程。
- 各环节之间不仅前后衔接,而且还可能循环往复。例如,在进行"数据收集"时有可能要再次"理解商业问题",才能确定所收集的数据内容,甚至决定项目是否具有可行性;经"评估"后发现模型不能解决实际问题,有可能要回到"数据收集"才能提升模型效果。

因此,在了解基本流程之后,再回到前面所述的认识,将两者结合,才是数据科学项目的实施原则。

1.1 文件中的数据

文件是计算机科学中的常用术语。文件能用于保存数据,而且是多种多样的,如文本文件、图像文件和办公软件生成的二进制文件等。不同文件中的数据也有差别,有的数据是结构化的,有的数据是非结构化的。本节将向读者介绍数据科学项目中常用到的三种文件,并重点演示如何从文件中读取数据。

> 结构化数据是指关系型数据库中用二维表格表达和存储的数据,每个数据有严格的数据格式和规范。非结构化数据(如图像、视频等)则不能用二维表格形式表达和存储。

1.1.1 CSV文件

CSV(Comma-Separated Values,逗号分隔值)是以纯文本方式保存数据的常用文件格式,其中的数据属于结构化数据。

基础知识

用电子表格工具软件可以打开 CSV 文件，如图 1-1-1 所示。

> 处理电子表格文件的常用工具，包括微软的 Excel 和 WPS 中的电子表格软件，也可以使用在线电子表格，如腾讯文档。

	A	B	C	D	E
1	name	area	population	longd	latd
2	Nanjing	6582.31	8004680	118.78	32.04
3	Wuxi	4787.61	6372624	120.29	31.59
4	Xuzhou	11764.88	8580500	117.2	34.26
5	Changzhou	4384.57	4591972	119.95	31.79
6	Soochow	8488.42	10465994	120.62	31.32
7	Nantong	8001	7282835	120.86	32.01
8	Lianyungang	7615.29	4393914	119.16	34.59
9	Huaian	9949.97	4799889	119.15	33.5
10	Yancheng	16972.42	7260240	120.13	33.38
11	Yangzhou	6591.21	4459760	119.42	32.39
12	Zhenjiang	3840.32	3113384	119.44	32.2
13	Taizhou	5787.26	4618558	119.9	32.49
14	Suqian	8555	4715553	118.3	33.96
15					

图 1-1-1　用电子表格工具软件打开的 CSV 文件

读者对电子表格软件一定不陌生，本书不再赘述操作方法。在数据科学项目实践中，也会有很多场景应用这类软件，请读者不要排斥。一切工具的目的都是得到符合预期的数据。只不过因为电子表格软件不是本书的重点内容，所以后面不再提及该工具，但不意味着不可以应用它。

下面重点说明使用 Python 编程语言读取 CSV 文件的数据。

> path 是本书开发环境中的数据集目录，读者要根据自己的开发环境进行修改。

```
In [1]: import csv
        path = "/Users/qiwsir/Documents/Codes/DataSet"
        csv_file = path + "/jiangsu/cities.csv"
        f = open(csv_file)
        data = csv.reader(f)        # ①
        for line in data:
            print(line)
        # 以下是输出信息
        ['name', 'area', 'population', 'longd', 'latd']
        ['Nanjing', '6582.31', '8004680', '118.78',
         '32.04']
        ['Wuxi', '4787.61', '6372624', '120.29', '31.59']
        ['Xuzhou', '11764.88', '8580500', '117.2', '34.26']
        ['Changzhou', '4384.57', '4591972', '119.95',
         '31.79']
        ['Soochow', '8488.42', '10465994', '120.62',
         '31.32']
        ['Nantong', '8001', '7282835', '120.86', '32.01']
        ['Lianyungang', '7615.29', '4393914', '119.16',
         '34.59']
        ['Huaian', '9949.97', '4799889', '119.15', '33.5']
        ['Yancheng', '16972.42', '7260240', '120.13',
         '33.38']
        ['Yangzhou', '6591.21', '4459760', '119.42',
```

> In[1] 第 5 行里的 "# ①" 表示注释，程序执行时忽略此内容。

```
                     '32.39']
    ['Zhenjiang', '3840.32', '3113384', '119.44',
     '32.2']
    ['Taizhou', '5787.26', '4618558', '119.9', '32.49']
    ['Suqian', '8555', '4715553', '118.3', '33.96']
```

为了便于学习，可以按照"前言"中的说明关注与本书相关的微信公众号，从而获得学习用数据集和加入在线实验平台。在代码示例中，用"/jiangsu/cities.csv"方式表示此文件在数据源目录中的地址。

老齐教室
微信扫描二维码，关注我的公众号

附录A：简要介绍Jupyter。

以上代码在 Jupyter notebook 中调试。Jupyter 是数据科学中常用的工具——详细使用方法请阅读"扩展探究"中推荐的资料。

用 Python 标准库的 csv 模块能够读取 CSV 文件内容，但在 In[1] 的①中得到的是一个迭代器对象，必须使用循环语句才能将文件中每一行读入内存，这使得后续操作很不方便。开发者不允许存在任何"不方便"，因为会降低工作效率，并且，CSV 文件是常见的保存数据的文件。因此，必然有更简单且能够更适用于后续操作的方法——如果没有，则是创新的机会。

关于"迭代器"对象，请参阅《Python大学实用教程》（电子工业出版社出版）。

Python 语言生态中的 Pandas 提供了实现上述诉求的函数——关于 Pandas 的使用方法请阅读"扩展探究"中推荐的资料。当然，如果读者对 In[2] 的②所示的函数不满意，也可以自己创造。

附录C：简要介绍Pandas。

```
In [2]: import pandas as pd
        df = pd.read_csv(csv_file)    # ②
        df
Out[2]:
        name         area       population    longd    latd
    0   Nanjing      6582.31    8004680       118.78   32.04
    1   Wuxi         4787.61    6372624       120.29   31.59
    2   Xuzhou       11764.88   8580500       117.20   34.26
    3   Changzhou    4384.57    4591972       119.95   31.79
    4   Soochow      8488.42    10465994      120.62   31.32
    5   Nantong      8001.00    7282835       120.86   32.01
    6   Lianyungang  7615.29    4393914       119.16   34.59
    7   Huaian       9949.97    4799889       119.15   33.50
    8   Yancheng     16972.42   7260240       120.13   33.38
    9   Yangzhou     6591.21    4459760       119.42   32.39
    10  Zhenjiang    3840.32    3113384       119.44   32.20
    11  Taizhou      5787.26    4618558       119.90   32.49
    12  Suqian       8555.00    4715553       118.30   33.96
```

比较 Out[2] 和 In[1] 的输出，此处的结果在显示方式上友好了很多。不仅如此，这里所得到的对象（变量 df 引用）是数据科学项目中用途最广泛的 DataFrame 类型的对象。

DataFrame 是 Pandas 中的一种对象类型，类似于二维表格。

In[2] 的②使用 Pandas 的 read_csv 函数读取了指定的 CSV 文件，此函数的完整参数列表是：

```
pd.read_csv(filepath_or_buffer, sep=',', delimiter=None,
```

```
header='infer', names=None, index_col=None, usecols=None,
squeeze=False, prefix=None, mangle_dupe_cols=True, dtype=None,
engine=None, converters=None, true_values=None, false_values=None,
skipinitialspace=False, skiprows=None, nrows=None, na_values=None,
keep_default_na=True, na_filter=True, verbose=False, skip_blank_
lines=True, parse_dates=False, infer_datetime_format=False, keep_
date_col=False, date_parser=None, dayfirst=False, iterator=False,
chunksize=None, compression='infer', thousands=None, decimal=b'.',
lineterminator=None, quotechar='"', quoting=0, escapechar=None,
comment=None, encoding=None, dialect=None, tupleize_cols=None,
error_bad_lines=True, warn_bad_lines=True, skipfooter=0,
doublequote=True, delim_whitespace=False, low_memory=True,
memory_map=False, float_precision=None)
```

不需要对这些参数的含义死记硬背,可以使用帮助文档了解。建议读者浏览一遍 pd.read_csv 函数的帮助文档,当以后需要处理某个特殊问题的时候,可以再次借助帮助文档,查询相应参数。

```
In [3]: pd.read_csv?
```

在 Jupyter 中输入 In[3] 的代码并执行,能够显示函数 read_csv 的完整文档,其中包含对所有参数的解释。

例如,在 Out[2] 输出的二维数据表格中,以数字序号表示索引。在读取此 CSV 文件的时候,也可以通过参数指定文件中的某一列作为索引。

```
In [4]: pd.read_csv(csv_file, index_col=0)
Out[4]:
              area       population    longd    Latd
name
Nanjing       6582.31    8004680       118.78   32.04
Wuxi          4787.61    6372624       120.29   31.59
Xuzhou        11764.88   8580500       117.20   34.26
Changzhou     4384.57    4591972       119.95   31.79
Soochow       8488.42    10465994      120.62   31.32
Nantong       8001.00    7282835       120.86   32.01
Lianyungang   7615.29    4393914       119.16   34.59
Huaian        9949.97    4799889       119.15   33.50
Yancheng      16972.42   7260240       120.13   33.38
Yangzhou      6591.21    4459760       119.42   32.39
Zhenjiang     3840.32    3113384       119.44   32.20
Taizhou       5787.26    4618558       119.90   32.49
Suqian        8555.00    4715553       118.30   33.96
```

In[4] 中函数 read_csv 增设了参数 index_col=0,意思是用 CSV 文件的第 0 列作为索引,最终得到了 Out[4] 输出效果。

在 In[2] 的②中读取到 CSV 文件之后,返回的是 DataFrame 对象(②中用变量 df 引用此对象),有的资料将 DataFrame 翻译为"数据框",本书使用英文名称。

推荐阅读《跟老齐学 Python:数据分析》(电子工业出版社出版),系统化了解 Pandas 的各项知识。

项目案例

1. 项目描述

读取"/kaggle/diabetes.csv"数据,并了解此数据集的概况。

2. 实现过程

```
In [5]: f = "/kaggle/diabetes.csv"
        diabetes = pd.read_csv(path + f)    # ③
        diabetes.shape       # ④
Out[5]: (768, 9)
```

In[5] 的③读取指定的 CSV 文件,得到了变量 diabetes 引用的 DataFrame 对象。④通过 DataFrame 实例的属性 shape 得到了 diabetes 的形状,Out[5] 的输出结果表示 diabetes 共有 765 行、9 列。如果直接调用 diabetes,就会将所有内容显示出来(读者可以在 Jupyter 中尝试),在页面上占用较多篇幅,为避免这种情况,可以显示部分样本。

```
In [6]: diabetes.head()
Out[6]:
   Preg Gluc Blood SkinT Insu  BMI DiabetesPe  Age Outc
   nanc ose  Press hickn lin      digreeFunc      ome
   ies       ure   ess              tion
0   6   148   72    35    0   33.6    0.627    50   1
1   1    85   66    29    0   26.6    0.351    31   0
2   8   183   64     0    0   23.3    0.672    32   1
3   1    89   66    23   94   28.1    0.167    21   0
4   0   137   40    35  168   43.1    2.288    33   1
```

In[6] 中出现的 head 方法是 DataFrame 对象常用的显示部分样本的方法,默认显示前 5 个,传入整数类型的参数,就可以根据指定数量显示样本。

> 与 head 方法类似的,还有 tail 和 sample 方法。

```
In [7]: diabetes.info()
        # 以下为输出信息
        <class 'pandas.core.frame.DataFrame'>
        RangeIndex: 768 entries, 0 to 767
        Data columns (total 9 columns):
        Pregnancies                 768 non-null int64
        Glucose                     768 non-null int64
        BloodPressure               768 non-null int64
        SkinThickness               768 non-null int64
        Insulin                     768 non-null int64
        BMI                         768 non-null float64
        DiabetesPedigreeFunction    768 non-null float64
        Age                         768 non-null int64
        Outcome                     768 non-null int64
        dtypes: float64(2), int64(7)
        memory usage: 54.1 KB

In [8]: diabetes.dtypes
Out[8]: Pregnancies                          int64
```

> 比较 In[7] 和 In[8] 的执行结果,了解二者的异同。

```
Glucose                     int64
BloodPressure               int64
SkinThickness               int64
Insulin                     int64
BMI                         float64
DiabetesPedigreeFunction    float64
Age                         int64
Outcome                     int64
dtype: object
```

In[7] 和 In[8] 的功能类似，能够显示出 DataFrame 对象中每列的数据类型。

动手练习

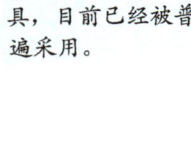

git 是源码管理工具，目前已经被普遍采用。

1. 先在 github.com 网站完成用户注册和登录操作，然后完成如下操作。
- 在本地计算机安装 git，熟悉常用的 git 命令。
- 在 github.com 网站创建个人公开代码仓库。
- 应用 git 的 push 命令将本地指定目录中的文件上传到个人的代码仓库中。

本题目与《Python 大学实用教程》的"练习和编程 1"第 5 题相呼应，建议读者查阅有关资料，完成本题各项操作。

2. 参考本书附录或者推荐的书籍，完成如下操作。
（1）在本地计算机安装并运行 Jupyter。
（2）在本地计算机安装 Pandas、Numpy。

3. 用 Pandas 读取 "/bicycle/Bicycle_Counts.csv" 文件的数据，并完成如下操作。
（1）以第 1 列为索引，并显示前 10 个样本。
（2）返回此数据集的样本总数。
（3）将（1）所显示的数据保存到一个新的 CSV 文件中。

扩展探究

1. Jupyter 是基于浏览器的代码编辑工具，在数据科学中被广泛采用，其官方网站是 https://jupyter.org/。建议读者根据网站文档安装此工具，并学会使用。

2. Numpy 和 Pandas 是 Python 语言在数据科学中的重要工具，使用 Python 语言的数据科学项目都必须使用它们。本书在后续各种操作中会对涉及的一些函数（方法）给予必要的介绍，但是不能替代读者系统化学习。建议阅读《跟老齐学 Python：数据分析》，系统学习 Numpy 和 Pandas 的有关知识。

3. 在数据科学中，安装第三方模块（包）的方式，依然可以使用 Python 语言中常用的 pip 命令（参阅《Python 大学实用教程》）。此外，还有另一个专门的数据科学集成开发工具 Anaconda（官方网站：https://www.anaconda.com/），安装此工具之后，数据科学中常用的模块（包）就已经集成在其中，未集成进来的其他模块一般也提供了 conda 命令的安装方法。更详细的内容请查阅官方文档（https://docs.anaconda.com/）。

1.1.2 Excel 文件

Excel 文件也是常用于保存数据的文件，《Python 大学实用教程》的 9.2.2 节专门介绍了如何使用 Python 第三方包读 / 写此类文件，请读者参阅。本节将重点介绍如何用 Pandas 从 Excel 文件中读取数据。

基础知识

在 Jupyter 中输入 pd.read_，然后按下 Tab 键，就可以出现如图 1-1-2 所示的效果，从这里可以看到多个以"read"开始的函数名称——Python 中规范的命名方式遵循着"望文生义"的原则。

> 利用 Tab 键可以查找函数，减轻记忆负担。

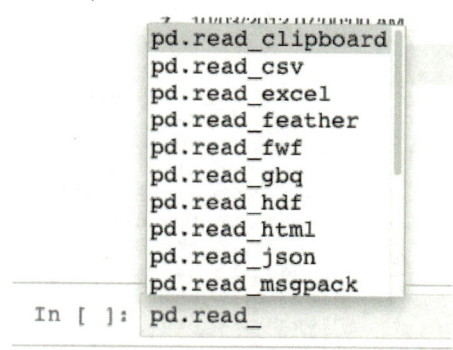

图 1-1-2 Tab 键辅助记忆

在学习和工作过程中，都应该充分利用帮助文档。In[3] 演示了获得 pd.read_csv 函数帮助信息的方法，用同样的方法，也可以查看 pd.read_excel 函数的文档内容。

```
In [9]: pd.read_excel?
```

依然建议读者认真阅读文档内容，了解此函数的基本使用方法。在帮助文档的后面，通常还会有学习示例。

下面就使用这个函数读取 Excel 文件的数据。

```
In [10]: jiangsu = pd.read_excel(path +
                    "/jiangsu/jiangsu.xls")
         jiangsu
Out[10]:
            name        area      population  longd   latd
         0  Nanjing     6582.31   8004680     118.78  32.04
         1  Wuxi        4787.61   6372624     120.29  31.59
         2  Xuzhou      11764.88  8580500     117.20  34.26
```

> path 为 In[1] 中创建的变量。

3	Changzhou	4384.57	4591972	119.95	31.79
4	Soochow	8488.42	10465994	120.62	31.32
5	Nantong	8001.00	7282835	120.86	32.01
6	Lianyungang	7615.29	4393914	119.16	34.59
7	Huaian	9949.97	4799889	119.15	33.50
8	Yancheng	16972.42	7260240	120.13	33.38
9	Yangzhou	6591.21	4459760	119.42	32.39
10	Zhenjiang	3840.32	3113384	119.44	32.20
11	Taizhou	5787.26	4618558	119.90	32.49
12	Suqian	8555.00	4715553	118.30	33.96

除了如 In[10] 中的代码那样读取 Excel 文件，还可以利用电子表格软件将 Excel 文件转化为 CSV 文件，然后利用 Pandas 的 read_csv 函数读取文件。

如果将已有的数据，如 DataFrame 类的数据，保存为 Excel 或者 CSV 文件，应当如何操作？

继续使用如图 1-1-2 所示的方法，在 Jupyter 中输入 "jiangsu.to_"，然后按 Tab 键，显示如图 1-1-3 所示的结果。

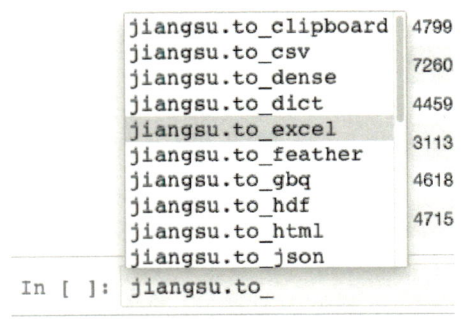

图 1-1-3　保存为某种文件的函数

从这里可以看到，DataFrame 对象实例保存为某种格式文件的方法（用这种方法找到解决 1.1.1 节"动手练习"中第 3 题所需要的方法）。读者应该认真观察图 1-1-2 和图 1-1-3 显示的函数（方法）名称，从而了解到 Pandas 可以读、写什么格式的文件。

In [11]: jiangsu.to_excel('./chapter01/jiangsu.xlsx')

如果没有报错和其他显示，则说明已经保存成功。若不放心，可以到目录中查看是否已有保存的文件。

> 在 Jupyter 中执行 shell 命令查看当前目录内容的方式：
> !ls
> 即在命令前面写上 "！" 符号（英文状态）。

▎项目案例▎

1. 项目描述

从 "国家数据" 网站（http://data.stats.gov.cn/）下载 "全国居民消费价格分类指数"，并用柱形图表示指数的变化。

2. 实现过程

打开"国家数据"网站，完成注册、登录步骤，然后根据导航信息，进入如图 1-1-4 所示的界面，下载所显示的数据。

由于日期不同，读者打开此页面所看到的数据可能与图 1-1-4 有所差异。

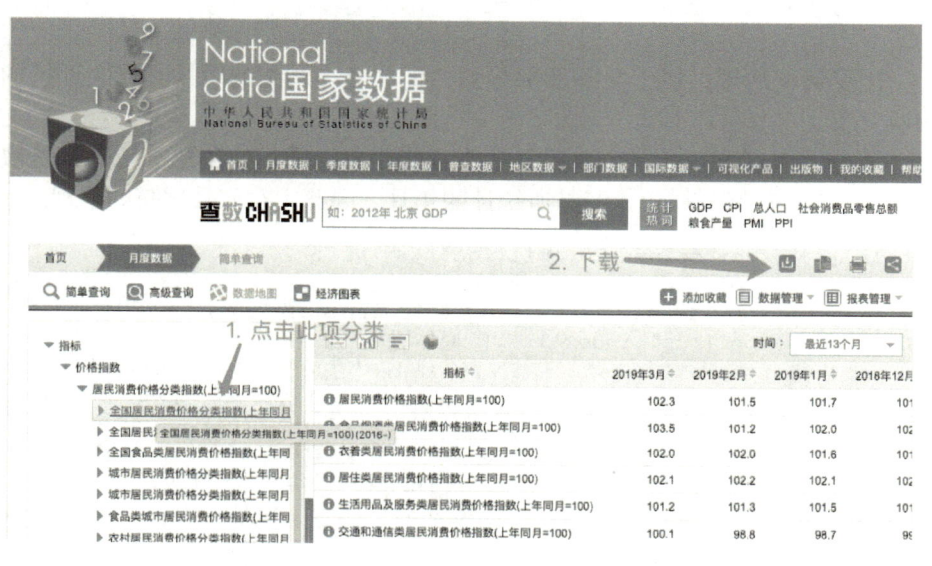

图 1-1-4　下载"全国居民消费类价格分类指数"

> 可以利用电子表格软件对数据进行整理。因本书为了演示 Pandas 的应用，故在此无过多的操作。

将下载的文件更名为 cpi.xls，用电子表格软件打开之后的基本样式如图 1-1-5 所示。

图 1-1-5　Excel 文件内容部分截图

在 Jupyter 中，利用 pd.read_excel 函数读入此文件。

```
In [12]: cpi = pd.read_excel(path + "/cpi/cpi.xls")
         cpi.head(4)
Out[12]:
         # 因受篇幅所限，以下仅显示部分列
```

```
         数据库：月度数据  Unnamed:1   Unnamed:2   Unnamed:5
       0   时间：最近13个月     NaN        NaN         NaN      （省略显示）
       1         指标       2019年3月   2019年2月   2018年11月    ......
       2   居民消费价格指数
            （上年同月=100）     102.3     101.5       102.2      ......
           食品烟酒类居民消
       3   费价格指数（上年同     103.5     101.2       102.5      ......
              月=100）
```

> 对照图1-1-5，理解缺失值产生的原因。

因受篇幅所限，以上只显示部分列，请读者在调试的时候查看全部列的内容。

从显示内容可知，这个数据集不能直接用于绘图，比如第0行，都是缺失值（用NaN表示）；第1行是所统计的年月。因此，对该数据需要整理。

```
In [13]: cpi.columns = cpi.iloc[1]        # ⑤
         cpi = cpi[2:]       # ⑥
         cpi.drop([11, 12], axis=0, inplace=True)         # ⑦
         cpi['cpi_index'] = ['总体消费', '食品烟酒', '衣着',
                             '居住', '生活服务', '交通通信',
                             '教育娱乐', '医保', '其他']  # ⑧
         cpi.drop(['指标'], axis=1, inplace=True)         # ⑨
         cpi.reset_index(drop=True, inplace=True)         # ⑩
         cpi.columns.rename('', inplace=True)             # ⑪
         cpi
Out[13]:
            2019    2019           2018    2018    2018
            年3月   年2月    ......  年6月   年5月   年4月    cpi_index
        0   102.3   101.5          101.9   101.8   101.8   总体消费
        1   103.5   101.2          100.8   100.7   101.1   食品烟酒
        2   102     102            101.1   101.1   101.1   衣着
        3   102.1   102.2          102.3   102.2   102.2   居住
        4   101.2   101.3          101.5   101.5   101.5   生活服务
        5   100.1   98.8           102.4   101.8   101.1   交通通信
        6   102.4   102.4          101.8   101.9   102     教育娱乐
        7   102.7   102.8          105     105.1   105.2   医保
        8   101.9   102            100.9   101     100.9   其他
```

> ⑥是DataFrame的切片操作。

In[13]中的代码，使用了多种DataFrame对象有关方法和切片操作，最终将Out[12]所显示的数据变换为如Out[13]显示的样子。下面对In[13]中的代码逐行进行简要说明：

⑤ 替换了数据集中列的名称，变成对应的年月。
⑥ 截取Out[12]所显示的第2行及其以下的数据。
⑦ 删除索引号为11和12的两行，并更新原有数据集（inplace=True）。
⑧ 增加一列，对应于每行的统计指标，即简化原来的"指标"列的表述。
⑨ 删除"指标"列，并更新数据集。
⑩ 重新规划索引，删除原来的，实现从0开始重建索引，并更新数据集。
⑪ 将列索引的名字设置为空，并更新数据集。

```
In [14]: cpi.info()
         # 输出信息
```

```
<class 'pandas.core.frame.DataFrame'>
RangeIndex: 9 entries, 0 to 8
Data columns (total 13 columns):
2019年3月        9 non-null object
2019年2月        9 non-null object
2019年1月        9 non-null object
2018年12月       9 non-null object
2018年11月       9 non-null object
2018年10月       9 non-null object
2018年9月        9 non-null object
2018年8月        9 non-null object
2018年7月        9 non-null object
2018年6月        9 non-null object
2018年5月        9 non-null object
2018年4月        9 non-null object
cpi_index      9 non-null object
dtypes: object(13)
memory usage: 1016.0+ bytes
```

> 注意区分由数字组成的字符串与整数、浮点数的不同。字符串不能参与数学运算。

这个反馈信息表明，每列中的数字，比如102.3，直观地看是浮点数，但Pandas并不认为它是浮点数（显示为object），所以，还要将每列的数据类型转换成浮点数。

```
In [15]: for column in cpi.columns[:-1]:
             cpi[column] = pd.to_numeric(cpi[column])
         cpi.dtypes
Out[15]:
         2019年3月       float64
         2019年2月       float64
         2019年1月       float64
         2018年12月      float64
         2018年11月      float64
         2018年10月      float64
         2018年9月       float64
         2018年8月       float64
         2018年7月       float64
         2018年6月       float64
         2018年5月       float64
         2018年4月       float64
         cpi_index     object
         dtype: object
```

> In[15]的操作是"特征数值化"（详见3.1节）。

cpi.columns[: -1]得到的是数据集中除最右列名称外的其他列名称，然后用循环语句将每列的数据转换为浮点数（pd.to_numeric(cpi[column])）。

下面使用Matplotlib绘制柱形图。为了简化，仅绘制一个指标的各月指数的柱形图。

```
In [16]: %matplotlib inline        # ⑫
         import matplotlib.pyplot as plt        # ⑬
         plt.bar(cpi.iloc[5, :-1].index,
```

> 对于In[16]第1行代码中的"#⑫"，读者在调试程序的时候不要输入。

```
                   cpi.iloc[5, :-1].values)    # ⑭
plt.grid()       # ⑮
# 以下输出图像
```

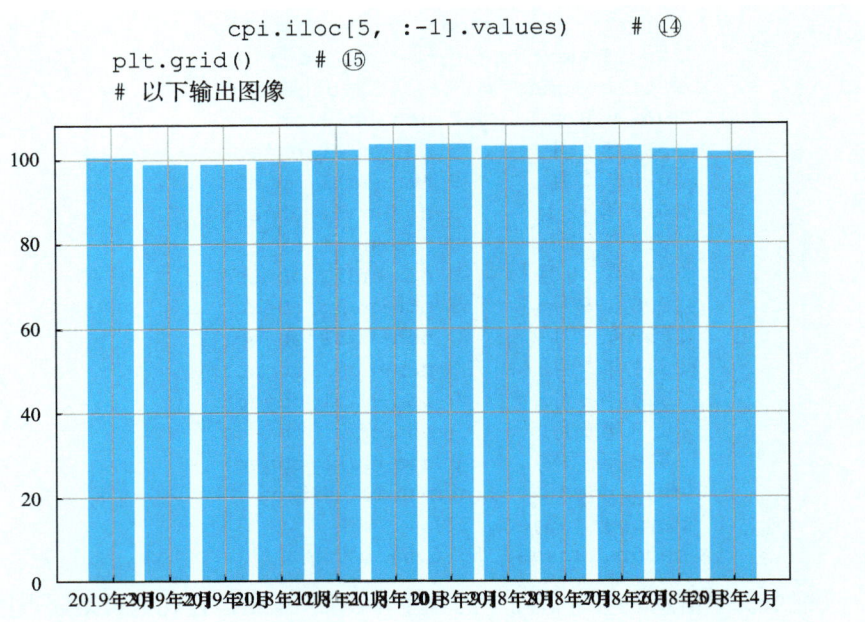

建议读者参阅"动手练习"中的第1题,继续优化此图不完美(如图底部数字重叠)的显示结果。

用类似方法,可以绘制其他各项指标的柱形图。

但是,请读者特别注意,上述图示并非完美。这里只初步了解实现数据可视化的方法。

⑫ 的作用是声明将所绘制图像插入当前 Jupyter 所在浏览器中。注意,这一句必须在且只能在代码块的第 1 行。

⑬ 引入绘图模块,通常更名为 plt。

⑭ 绘制柱形图,两个参数分别为 x 轴和 y 轴的数据。

⑮ 为柱形图绘制网格,以便比较观察各个柱的高度。

动手练习

1. 在本地计算机上安装 Matplotlib,并根据有关资料掌握初步的绘图方法。推荐以下文献资料:

①《跟老齐学 Python:数据分析》。

② 在线图书《案例上手 Python 数据可视化》(通过本书作者微信公众号"老齐教室"查阅)。

2. 读取数据 "/jiangsu/jiangsu.xls",并绘制各个城市面积(area 列)的柱形图。

3. 改进"基础知识"中 In[10] 读取 Excel 文件的方法,要求将原 Excel 文件的第 1 列("name"列)指定为所得到的 DataFrame 对象的索引。

4. 利用 Matplotlib,绘制 In[10] 所得数据中"population"列的箱线图。

箱线图(Box plot)是一种常见的统计图,能显示数据集中的最大、最小值;上、中、下分位数;平均值;离群值。

扩展探究

1. 查阅有关统计学资料,理解常见的柱形图、饼图、折线图、箱线图、散点图等统计图的含义。

2. 数据可视化是数据科学项目中普遍应用的技术。Matplotlib 是用途广泛且历史悠久的数据可视化工具，其官方网站是 https://matplot lib.org/。建议读者熟练掌握此工具的基本应用方法。

1.1.3 图像文件

图像文件很常见，"它里面也保存了数据吗？"

通常，图像可以分为"位图"和"矢量图"两类。文件扩展名为".jpg"".jif"".png"的图像文件是位图；文件扩展名为".swf"".pdf"".svg"的是矢量图。位图由很多点组成（称为"点阵"，点就是像素），每个点以 0～255 之间的整数表示一种灰度级别，不同的灰度级别代表了红、绿、蓝（RGB）的比例，即表示了一种颜色。矢量图记录的是绘制图像的方法，不是点阵数据，方法中包含了点的坐标值和填充颜色的值等信息。本书下述内容只讨论位图。

基础知识

在 Python 语言生态中，Pillow 是常用的图像处理库（Python Imaging Library，PIL），具有强大的图像处理功能，其官方网站是 https://pillow.readthedocs.io/。Pillow 的基本安装方法如下：

```
$ pip install Pillow
```

利用上述方式安装，可能因为本地缺少某些依赖程序而无法执行 Pillow。如果遇到此类情况，可先参考官方网站及报错信息，然后安装或者升级所缺乏的工具。

> 很多工具包依赖其他程序。用 pip 安装，通常会自动检查并安装各种依赖程序。若遇到例外，则需要单独安装。

安装完成之后，用下面的方式实现从本地读取图像文件的操作。

```
In [16]: from PIL import Image      # ⑯
         color_image = Image.open("./images/laoqi.png")# ⑰
         color_image
Out[16]:
```

In[16] 的代码块中引入了 Pillow 包中的 Image 模块（如⑯所示），并用此模块的 open 函数读入一个图像文件（如⑰所示）。⑰是惰性操作，虽然文件

> 对图像的处理是数据科学的一个重要方向。

已被打开，但数据并未被从文件中读取到内存，直到执行后续操作。

读入的彩色图像可以转化为黑白的（灰度图像）。

```
In [17]: gray_image = color_image.convert("L")
         gray_image
Out[17]:
```

> In[16] 和 In[17] 得到的是 Image 类型的实例对象，它具有 Numpy 的数组接口，因此能够执行 In[18] 中的操作。

当图像文件被读入之后，就可以将其转化为 Numpy 的数组类型（也可以转化为矩阵类型）。

```
In [18]: import numpy as np
         color_array = np.array(color_image)
         color_array.shape
Out[18]: (407, 396, 4)

In [19]: gray_array = np.array(gray_image)
         gray_array.shape
Out[19]: (407, 396)
```

In[16] 读入的图像高为 407px（像素）、宽为 396px，上面显示的不论是彩色图像还是黑白图像所对应的数组都要有两个维度对应于图像的高和宽，只是彩色图像又多出一个维度。

对图像文件的操作，还有另外一个更常用的库 OpenCV，其官方网站：https://opencv.org/。安装方法如下：

> 各种工具包的官方网站都有较详细的安装和使用说明，请务必认真阅读。

```
$ pip install opencv-python
```

下面演示如何使用 OpenCV 读取图像文件。

```
In [20]: import cv2       # ⑱
         img = cv2.imread('./images/laoqi.png', 0)
         img
Out[20]: array([[225, 226, 226, ..., 195, 196, 196],
                [227, 226, 226, ..., 196, 196, 195],
                [227, 226, 225, ..., 195, 196, 196],
                ...,
                [222, 222, 224, ..., 121, 104, 108],
                [222, 224, 223, ..., 113, 105, 116],
                [224, 223, 223, ..., 105, 113, 116]],
```

```
                    dtype=uint8)
```

In[20] 利用 OpenCV（⑱引入的模块）的 imread 函数读入了图像文件，其中第 2 个参数用 0 表示将读入的文件灰度化（转化为黑白图像）。从结果可知，读入文件之后所得对象是数组类型的对象。要想再次显示该图像，可进行如下操作：

```
In [21]: plt.imshow(img,
                    cmap = 'gray',
                    interpolation = 'bicubic')
         plt.xticks([]), plt.yticks([])
Out[21]: (([], <a list of 0 Text xticklabel objects>),
         ([], <a list of 0 Text yticklabel objects>))
```

In[21] 将表示图像文件的数组对象转化为图像，并显示到当前的 Jupyter 浏览器中。此功能还可以使用 In[16] 代码块中引入的 Image 模块实现：

```
In [22]: Image.fromarray(img)
Out[22]:
```

在 Python 中，读取图像文件的方式不止以上两种，我们已经反复应用的 matplotlib 也具有此功能。

项目案例

1. 项目描述

先读取一个图像文件，然后完成如下操作：

- 截取图像的一部分并显示。
- 对得到的黑白图像进行翻转，并显示翻转后的效果。

2. 实现过程

截取图像表现在对数组的操作上就是"切片"。先简单了解数组的切片操作：

> "切片"是数组、DataFrame 对象的重要操作。

```
In [23]: a = np.array([[1,2,3], [4,5,6], [7,8,9]])
         a
Out[23]: array([[1, 2, 3],
                [4, 5, 6],
                [7, 8, 9]])

In [24]: a[:2]
Out[24]: array([[1, 2, 3],
                [4, 5, 6]])

In [25]: a[:,:2]
Out[25]: array([[1, 2],
                [4, 5],
                [7, 8]])
```

更详细的"数组切片"知识，请参阅《跟老齐学 Python：数据分析》的第 1 章内容。

下面演示如何用"切片"操作实现"截图"。

```
In [26]: img = cv2.imread('./images/laoqi.png', 0)
         part_img = img[50:260, 100:280]
         Image.fromarray(part_img)
Out[26]:
```

In[26] 中的 img 是形状为（407, 396）的二维数组（见 In[19]、In[20]），"50: 260"表示对数组沿 0 轴方向切片，表现在图像上为纵向截图；"100: 280"表示沿 1 轴方向切片，在图像上为横向截图。最终得到了 Out[26] 的结果。

如果"翻转"图像，可以通过数组的运算实现。

> 思考：在"255 - img"中为什么使用 255？可以使用其他数字吗？

```
In [27]: reverse_img = 255 - img      # ⑲
```

```
            Image.fromarray(reverse_img)
Out[27]:
```

现在广泛使用数码照相技术，此前的相机主要用"胶卷"成像。这种"底片"在医院能见到。

"翻转"之后显示了"底片"效果，实现方式就是执行了⑲的运算。

动手练习

1. 除了"基础知识"中所演示的读入图像文件的方法，还有很多其他途径，比如 matplotlib 也提供了实现此操作的方法。请参考 matplotlib 的官方文档和其他有关资料，编写读取图像文件的程序。

2. 自选两幅图像文件，并利用"项目案例"中所演示的"截图"方法，各在两幅图中截取一部分，然后合并为一幅图并显示。

"图的合并"就是数组的连接/合并，可以使用 pd.concat、pd.merge，两者的区别请读者参阅《跟老齐学 Python：数据分析》。

扩展探究

1. 在 In[26] 中，利用 OpenCV 读取了彩色的图像文件之后，将其转化为灰度格式（黑白图）。函数 imread 的完整形式是：

```
imread(filename[, flags])
```

flags 表示图像文件的加载模式。请查阅有关资料，回答如下问题：
- OpenCV 中的图像文件都有哪些加载模式？参数 flags 的可取值及相应的含义是什么？
- 读入彩色文件并显示。对比颜色是否与原来的一致？如果不一致，是什么原因造成的？

2. 参考《跟老齐学 Python：数据分析》的第 1 章，全面理解数组的切片、连接、分割等基本操作。

1.2 数据库中的数据

目前，常见的数据库可以分为如下两类。
- 关系型数据库，如 MySQL、PostgreSQL、Microsoft SQL Server、Oracle 等。
- 非关系型数据库，如 BigTable（Google）、Cassandra、MongoDB 等。

随着技术的发展，其他类型的数据库也在涌现，如键值数据库等。

MySQL 是常用的关系型数据库，它有着比较悠久的历史，曾经是开源的，后来被转手到甲骨文公司，目前仅有社区版开源。尽管如此，因为种种原因，它的使用量仍然比较大。因此，下面就以它为例说明如何从关系型数据库中读取数据。

如果读者尚未在本地计算机安装此数据，可以参阅"扩展探究"中的相关内容。

> 作为未来的数据科学行业从业者，我们必须掌握数据库有关知识。

> SQL 的全称为 Structured Query Language，译为结构化查询语言。SQL 是用于访问和处理数据库的标准计算机语言。

基础知识

从 MySQL 数据库中读取数据的最基本方法是使用 SQL 语句。下面以本地所创建的数据库为例，演示常用的查询语句。

（1）显示数据库名称。

```
mysql> SHOW DATABASES;
+--------------------+
| Database           |
+--------------------+
| books              |
| information_schema |
| mysql              |
| performance_schema |
| sys                |
+--------------------+
5 rows in set (0.01 sec)
```

查询已有的数据库，其中名为 books 的数据库是专为本操作示例而创建的。

（2）显示某数据库中的表名称。

首先，指定要操作的数据库。

```
mysql> USE books
Database changed
```

然后，显示此数据库中的表名称：

```
mysql> SHOW TABLES;
+----------------+
| Tables_in_books |
+----------------+
| mybooks        |
| pybooks        |
+----------------+
2 rows in set (0.00 sec)
```

也可以使用如下 SQL 语句实现表名称的查询。

```
mysql> SHOW TABLES FROM books;
```

```
+-----------------+
| Tables_in_books |
+-----------------+
| mybooks         |
| pybooks         |
+-----------------+
2 rows in set (0.00 sec)
```

(3) 显示数据库表的结构。

显示表结构的常用 SQL 语句,例如:

```
mysql> DESCRIBE mybooks;
+-------+----------+------+-----+---------+-------+
| Field | Type     | Null | Key | Default | Extra |
+-------+----------+------+-----+---------+-------+
| id    | int(11)  | NO   | PRI | NULL    |       |
| name  | char(50) | YES  |     | NULL    |       |
| pub   | text     | YES  |     | NULL    |       |
+-------+----------+------+-----+---------+-------+
3 rows in set (0.00 sec)
```

> SQL 语句中的命令不区分大小写,通常习惯用大写。

或者

```
mysql> SHOW COLUMNS FROM mybooks;
+-------+----------+------+-----+---------+-------+
| Field | Type     | Null | Key | Default | Extra |
+-------+----------+------+-----+---------+-------+
| id    | int(11)  | NO   | PRI | NULL    |       |
| name  | char(50) | YES  |     | NULL    |       |
| pub   | text     | YES  |     | NULL    |       |
+-------+----------+------+-----+---------+-------+
3 rows in set (0.00 sec)
```

(4) 查询表的记录条数。

在查询数据库表的具体内容之前,先了解记录数量的大小。

```
mysql> SELECT COUNT(1) FROM mybooks;
+----------+
| count(1) |
+----------+
|        6 |
+----------+
1 row in set (0.00 sec)
```

查询显示 mybooks 表中共有 6 条记录。也可以分组查询。其中 COUNT(1) 也可以写成 COUNT(*),结果一样。

```
mysql> SELECT COUNT(1) FROM mybooks GROUP BY pub;
+----------+
| count(1) |
+----------+
|        4 |
```

> 关于 COUNT(1) 和 COUNT(*) 的区别,有不同解释,读者可以在网上查阅。

```
|          2 |
+------------+
2 rows in set (0.01 sec)
```

此处的查询结果显示，mybooks 表中的记录根据字段 PUB 的值可以分为两组：其中一组有 4 条，另一组有 2 条。

在上述查询记录数量的 SQL 语句中，使用了 COUNT(1)，其实也可以更换为其他整数或者字段名称。

```
mysql> SELECT COUNT('pub') FROM mybooks;
+--------------+
| count('pub') |
+--------------+
|            6 |
+--------------+
1 row in set (0.00 sec)
```

上面语句的含义是针对某个字段的记录进行查询。如果使用 COUNT(1)，则意味着根据主键进行记录数量查询。

（5）查询记录详情。

查询记录详情的 SQL 语句关键词是 SELECT。下面列举几种常见的查询方法，更多的查询方法请参阅数据库的文献资料。

- 查询所有记录

```
mysql> SELECT * FROM mybooks;
+----+----------------------+---------+
| id | name                 | pub     |
+----+----------------------+---------+
|  1 | Learn Python         | phei    |
|  2 | Django               | phei    |
|  3 | Data Analysis        | phei    |
|  4 | Machine Learning     | PHEI    |
|  5 | 数据可视化案例       | gitchat |
|  6 | 零基础入手Python     | gitchat |
+----+----------------------+---------+
6 rows in set (0.00 sec)
```

显示出数据库表中的所有记录的所有字段值。

- 查询指定字段值

```
mysql> SELECT id, name FROM mybooks;
+----+----------------------+
| id | name                 |
+----+----------------------+
|  1 | Learn Python         |
|  2 | Django               |
|  3 | Data Analysis        |
|  4 | Machine Learning     |
|  5 | 数据可视化案例       |
```

```
|  6 | 零基础入手 Python      |
+----+----------------------+
6 rows in set (0.00 sec)
```

- 查询结果按照指定字段值的倒序排列

```
mysql> SELECT * FROM mybooks ORDER BY id DESC;
+----+----------------------+---------+
| id | name                 | pub     |
+----+----------------------+---------+
|  6 | 零基础入手 Python      | gitchat |
|  5 | 数据可视化案例         | gitchat |
|  4 | Machine Learning     | PHEI    |
|  3 | Data Analysis        | phei    |
|  2 | Django               | phei    |
|  1 | Learn Python         | phei    |
+----+----------------------+---------+
6 rows in set (0.00 sec)
```

- 依据条件查询

```
mysql> SELECT * FROM mybooks WHERE pub='phei';
+----+----------------------+---------+
| id | name                 | pub     |
+----+----------------------+---------+
|  1 | Learn Python         | phei    |
|  2 | Django               | phei    |
|  3 | Data Analysis        | phei    |
|  4 | Machine Learning     | PHEI    |
+----+----------------------+---------+
4 rows in set (0.00 sec)
```

查询到了字段 pub 的值为 "phei" 的所有记录。

```
mysql> SELECT * FROM mybooks WHERE id IN (2,5) ;
+----+----------------------+---------+
| id | name                 | pub     |
+----+----------------------+---------+
|  2 | Django               | phei    |
|  5 | 数据可视化案例         | gitchat |
+----+----------------------+---------+
2 rows in set (0.01 sec)
```

查询到了字段 id 的值为 2 和 5 的记录。

```
mysql> SELECT * FROM mybooks WHERE id BETWEEN 2 AND 5;
+----+----------------------+---------+
| id | name                 | pub     |
+----+----------------------+---------+
|  2 | Django               | phei    |
|  3 | Data Analysis        | phei    |
|  4 | Machine Learning     | PHEI    |
|  5 | 数据可视化案例         | gitchat |
+----+----------------------+---------+
4 rows in set (0.00 sec)
```

查询到了字段 id 的值在 2 ~ 5 之间的所有记录。

```
mysql> SELECT * FROM mybooks WHERE name LIKE "%python%";
+----+----------------------+---------+
| id | name                 | pub     |
+----+----------------------+---------+
|  1 | Learn Python         | phei    |
|  6 | 零基础入手 Python      | gitchat |
+----+----------------------+---------+
2 rows in set (0.01 sec)
```

查询到了字段 id 的值中含有 "Python" 字样的记录。

依据条件查询的方式还很多，此处不一一列举，请读者在应用的时候查阅有关资料。

除了使用 SQL 语句，还可以利用高级语言实现对数据库内容的读写操作。例如，Python 语言针对 MySQL 数据库的接口模块就有多种，此处以其中一个名为 PyMySQL 的模块为例进行说明（官方网站：https://pymysql.readthedocs.io/en/latest/）。

首先安装此模块：

```
$ pip install PyMySQL
```

安装完毕后，用如下方式连接数据库，并读取表中的记录。

> 此处演示的是连接本地数据库，host 也可以用于指定远程地址。

```
In [1]: import pymysql
        mydb = pymysql.connect(host="localhost",    # ①
                               user='root',
                               password='1q2w3e4r5t',
                               db="books",)
        cursor = mydb.cursor()           # ②
        sql = "select * from mybooks"    # ③
        cursor.execute(sql)              # ④
        datas = cursor.fetchall()        # ⑤
        for data in datas:
            print(data)
        # 以下为显示的内容
          (1, 'Learn Python', 'phei')
          (2, 'Django', 'phei')
          (3, 'Data Analysis', 'phei')
          (4, 'Machine Learning', 'PHEI')
          (5, '数据可视化案例', 'gitchat')
          (6, '零基础入手 Python', 'gitchat')
```

为了实现 Python 与 MySQL 数据库的连接，In[1] 的代码中使用了 pymysql 模块，并且用①的方式实现连接，即建立了连接对象（变量 mydb 引用的 pymysql.connect 函数返回对象）。读者可以通过帮助文档查看 pymysql.connect 函数的各参数的具体含义。

② 创建一个游标对象，后续的各种关于数据库的操作都是利用此游标对象的方法进行的。

③ 是一个字符串，是从数据库表中读取所有记录的 SQL 语句。

④ 使用游标对象的 execute 方法执行 SQL 语句，再用⑤得到所有的记录，为了显示出来，执行其后的循环语句。

项目案例

1. 项目描述

在 MySQL 环境中，创建如下结构的数据库表（名字为 cities）。

```
mysql> DESC cities;
+------------+--------------+------+-----+---------+----------------+
| Field      | Type         | Null | Key | Default | Extra          |
+------------+--------------+------+-----+---------+----------------+
| id         | int(10)      | NO   | PRI | NULL    | auto_          |
|            | unsigned     |      |     |         | increment      |
| name       | char(8)      | YES  |     | NULL    |                |
| area       | float        | YES  |     | NULL    |                |
| population | int(11)      | YES  |     | NULL    |                |
| longd      | float        | YES  |     | NULL    |                |
| latd       | float        | YES  |     | NULL    |                |
+------------+--------------+------+-----+---------+----------------+
6 rows in set (0.01 sec)
```

将 1.1.1 节的 In[2] 数据写入此数据表中。然后，用 Python 完成如下查询。

- 查询表中的记录总数。
- 只查询 name 和 area 两个字段的记录。
- 查询 population 字段中最大和最小的记录。
- 查询全部记录，并将查询结果按照 area 字段从大到小地排序。

2. 实现过程

（1）根据要求，用 SQL 语句创建数据库表结构（也可以用 Python 完成创建数据库表结构的操作，请读者自行仿照 In[1] 的方式完成）。

```
mysql> CREATE TABLE city (id INT UNSIGNED AUTO_INCREMENT,name
VARCHAR(20), area FLOAT, population INT, longd FLOAT, latd FLOAT,
PRIMARY KEY (`id`))ENGINE=InnoDB DEFAULT CHARSET=utf8;
    Query OK, 0 rows affected, 1 warning (0.08 sec)
```

注意，在此处使用的是"utf8"，不是"utf-8"。

```
mysql> show tables;
+-----------------+
| Tables_in_books |
+-----------------+
| city            |
| mybooks         |
| pybooks         |
+-----------------+
3 rows in set (0.00 sec)

mysql> DESC city;
+------------+------------------+------+-----+--------+----------------+
|Field       | Type             | Null | Key |Default | Extra          |
+------------+------------------+------+-----+--------+----------------+
| id         | int(10) unsigned | NO   | PRI |NULL    |auto_increment  |
| name       | varchar(20)      |      | YES |        |NULL            |
| area       | float            |      | YES |        |NULL            |
| population | int(11)          |      | YES |        |NULL            |
| longd      | float            |      | YES |        |NULL            |
| latd       | float            |      | YES |        |NULL            |
+------------+------------------+------+-----+--------+----------------+
6 rows in set (0.01 sec)
```

（2）从 CSV 文档中读入数据，并写入数据库表 city 中。

Pandas 中也提供了针对读写数据库的函数 pd.read_sql() 和 pd.to_sql()，详细内容请扫描二维码阅读《Pandas 读写文件》。

```
In [2]: import pandas as pd
        import pymysql
        mydb = pymysql.connect(host="localhost",
                               user='root',
                               password='1q2w3e4r5t',
                               db="books")
        cursor = mydb.cursor()
        
        path = "/Users/qiwsir/Documents/Codes/DataSet"
        df = pd.read_csv(path + "/jiangsu/cities.csv")
        sql = 'insert into city (name, area, population,
                                 longd, latd)
              values ("%s","%s", "%s", "%s", "%s")'
        for idx in df.index:
            row = df.iloc[idx]
            cursor.execute(sql % (row['name'],
                                  row['area'],
                                  row['population'],
                                  row['longd'],
                                  row['latd']))
        mydb.commit()
```

执行 In[2] 的代码之后，将原来 CSV 文件的数据插入数据库表 city 中。如果使用 SQL 语句查看此表的结果，可以进行如下操作：

```
mysql> SELECT * FROM city;
+----+-------------+---------+------------+--------+-------+
| id | name        | area    | population | longd  | latd  |
+----+-------------+---------+------------+--------+-------+
|  1 | Nanjing     | 6582.31 |    8004680 | 118.78 | 32.04 |
|  2 | Wuxi        | 4787.61 |    6372624 | 120.29 | 31.59 |
|  3 | Xuzhou      | 11764.9 |    8580500 | 117.2  | 34.26 |
|  4 | Changzhou   | 4384.57 |    4591972 | 119.95 | 31.79 |
|  5 | Soochow     | 8488.42 |   10465994 | 120.62 | 31.32 |
|  6 | Nantong     |    8001 |    7282835 | 120.86 | 32.01 |
|  7 | Lianyungang | 7615.29 |    4393914 | 119.16 | 34.59 |
|  8 | Huaian      | 9949.97 |    4799889 | 119.15 |  33.5 |
|  9 | Yancheng    | 16972.4 |    7260240 | 120.13 | 33.38 |
| 10 | Yangzhou    | 6591.21 |    4459760 | 119.42 | 32.39 |
| 11 | Zhenjiang   | 3840.32 |    3113384 | 119.44 |  32.2 |
| 12 | Taizhou     | 5787.26 |    4618558 | 119.9  | 32.49 |
| 13 | Suqian      |    8555 |    4715553 | 118.3  | 33.96 |
+----+-------------+---------+------------+--------+-------+
13 rows in set (0.01 sec)
```

（3）利用 Python 语言完成查询要求。

```
In [3]: # 表中的记录总数;
        sql_count = "SELECT COUNT(1) FROM city"
        cursor.execute(sql_count)
        n = cursor.fetchone()       # 获得一个返回值
        n
Out[3]: (13,)

In [4]: # 只查询 name 和 area 两个字段的记录;
        sql_columns = 'SELECT name, area FROM city'
        cursor.execute(sql_columns)
        cursor.fetchall()
Out[4]: (('Nanjing', 6582.31),
         ('Wuxi', 4787.61),
         ('Xuzhou', 11764.9),
         ('Changzhou', 4384.57),
         ('Soochow', 8488.42),
         ('Nantong', 8001.0),
         ('Lianyungang', 7615.29),
         ('Huaian', 9949.97),
         ('Yancheng', 16972.4),
         ('Yangzhou', 6591.21),
         ('Zhenjiang', 3840.32),
         ('Taizhou', 5787.26),
         ('Suqian', 8555.0))

In [5]: # 以 area 字段值从大到小地查询全部记录;
        sql_sort = "SELECT * FROM city ORDER BY area DESC"
        cursor.execute(sql_sort)
```

```
                cursor.fetchall()
Out[5]: ((9, 'Yancheng', 16972.4, 7260240, 120.13, 33.38),
         (3, 'Xuzhou', 11764.9, 8580500, 117.2, 34.26),
         (8, 'Huaian', 9949.97, 4799889, 119.15, 33.5),
         (13, 'Suqian', 8555.0, 4715553, 118.3, 33.96),
         (5, 'Soochow', 8488.42, 10465994, 120.62, 31.32),
         (6, 'Nantong', 8001.0, 7282835, 120.86, 32.01),
         (7, 'Lianyungang', 7615.29, 4393914, 119.16,
          34.59),
         (10, 'Yangzhou', 6591.21, 4459760, 119.42, 32.39),
         (1, 'Nanjing', 6582.31, 8004680, 118.78, 32.04),
         (12, 'Taizhou', 5787.26, 4618558, 119.9, 32.49),
         (2, 'Wuxi', 4787.61, 6372624, 120.29, 31.59),
         (4, 'Changzhou', 4384.57, 4591972, 119.95, 31.79),
         (11, 'Zhenjiang', 3840.32, 3113384, 119.44, 32.2))
```

动手练习

注：以下操作可以基于本节已经创建的数据库进行，也可以自己新建数据库。

1. 查询数据库表中的所有记录。
2. 根据指定字段查询。
3. 按照指定字段排序，并查询指定数量的记录，如倒序排列之后的前三条记录。
4. 根据某个字段值查询。
5. 根据某个字段值在某范围内查询。
6. 根据某个字段值的字符匹配条件查询。
7. 指定字段，练习带 AND 或者 OR 的多条件查询。

扩展探究

1. 在本地计算机上安装 MySQL 数据库，并熟悉有关操作。
- 安装：https://dev.mysql.com/doc/refman/8.0/en/installing.html。
- SQL 语句：https://www.w3schools.com/sql/。

2. 可以进一步了解其他关系型数据库，如 PostgreSQL（网站：https://www.postgresql.org/）。

3. 利用 Pandas 的函数，读取数据库中的记录。

```
In [6]: import pandas as pd
        import pymysql
        mydb = pymysql.connect(host="localhost",
                               user='root',
                               password='1q2w3e4r5t',
                               db="books",)
        cities = pd.read_sql_query("Select * FROM city",
```

```
                               con=mydb,
                               index_col='id')
        cities
Out[6]:
            name        area        population    longd    latd
        id
        1   Nanjing     6582.31     8004680       118.78   32.04
        2   Wuxi        4787.61     6372624       120.29   31.59
        3   Xuzhou      11764.90    8580500       117.20   34.26
        4   Changzhou   4384.57     4591972       119.95   31.79
        5   Soochow     8488.42     10465994      120.62   31.32
        6   Nantong     8001.00     7282835       120.86   32.01
        7   Lianyungang 7615.29     4393914       119.16   34.59
        8   Huaian      9949.97     4799889       119.15   33.50
        9   Yancheng    16972.40    7260240       120.13   33.38
        10  Yangzhou    6591.21     4459760       119.42   32.39
        11  Zhenjiang   3840.32     3113384       119.44   32.20
        12  Taizhou     5787.26     4618558       119.90   32.49
        13  Suqian      8555.00     4715553       118.30   33.96
```

> 再次体现了 Pandas 的强大功能。

建议读者在上述基础上，用 Pandas 的函数完成"动手练习"中的各题的操作。

4. 建议读者了解非关系型数据库，如比较常用的 MongoDB，其官网是 https://www.mongodb.com/。

1.3 网页上的数据

互联网是最大的数据库，大大小小各种网站的网页上每天发布着海量信息，这些信息都可以作为数据。但是，如果这些数据存在网页上，通常不能直接用于数据科学项目，必须通过某种技术手段将它们保存到指定数据库或文件中。实现这种操作的技术就是"网络爬虫"。当然，如果某网站为用户提供了读取有关信息的接口，那就不需要网络爬虫，直接通过接口读取有关内容即可。但是，接口提供的信息若不能满足需要，则必须使用网络爬虫技术从网页上获取必需的数据。

基础知识

网络爬虫（Web crawler），也叫网络蜘蛛（Spider），是一种用来自动浏览网页的网络机器人，它可以将自己所访问的页面保存下来。

请读者注意，并不是所有网站都能够使用网络爬虫得到其页面内容。使用爬虫技术，务必遵守法律法规和有关道德要求。

在 Python 语言生态中，有很多实现网络爬虫的工具。这里演示一种比较简单、常用的第三方模块 requests（官方网站：https://2.python-requests.org/en/

> 提示：要正确、合理地使用网络爬虫技术。

master/），其安装方法如下：

```
$ pip install requests
```

下面以获取页面 https://2.python-requests.org/en/master/ community/support/ 的有关数据为例演示 requests 的基本应用。

图 1-3-1 是上述网址的页面，最终目标是要获取方框中的文档内容。

图 1-3-1　用网络爬虫技术获取的内容

第 1 章 感知数据 031

```
In [1]: import requests
        url = "https://2.python-requests.org/en/master/
              community/support/"
        response = requests.get(url)    # ①
        response.text          # ②
Out[1]: '\n<!DOCTYPE html PUBLIC "-//W3C//DTD XHTML 1.0
        Transitional//EN"\n
        ...
        </body>\n</html>'
```

执行 In[1] 的代码，获得了所访问 URL 页面的全部内容，①为请求该 URL，可以用 In[2] 中演示的方式判断该请求是否成功。

```
In [2]: response.status_code
Out[2]: 200
```

返回值为 200，说明请求成功。In[1] 的②得到了返回的页面中的所有信息。如果读者在浏览器中打开了①中的 URL，可以查看该页面的源码（例如 Firefox 浏览器，按 F12 键即可查看，其他浏览器也有类似操作）。

②所返回的内容和图 1-3-2 中的网页源码内容一致。那么，如何才能得到图 1-3-1 方框中的文本呢？此处需要另外一个工具：

```
$ pip install beautifulsoup4
```

> 200 是服务器 header 返回状态码。常见的还有：400（请求无效）、403（禁止访问）、404（无法找到文件）、500（内部服务器错误）等。

图 1-3-2 网页源码

Beautiful Soup 是一个可以从 HTML 或 XML 文件中提取数据的 Python 库（官方网站：https://www.crummy.com/software/BeautifulSoup/bs4/doc/）。

在使用这个工具之前，先要分析如图 1-3-2 所示的网页源码，找到所要的文本在源码中的位置和相关的网页标记符。以图 1-3-1 中的第一段 Stack Overflow 为例，其部分相关源码样式如图 1-3-3 所示。

> 通常网站的网页由 HTML 编写，HTML（超文本标记语言，HyperText Markup Language）是一种标记语言。

```
 ▶ <p> ... </p>
▼ <div id="stack-overflow" class="section">
   ▼ <h2>
        Stack Overflow
        <a class="headerlink" href="#stack-overflow" title="Permalink to this headline">¶</a>
     </h2>
   ▼ <p>
        If your question does not contain sensitive (possibly proprietary) information or can
        <a class="reference external" href="https://stackoverflow.com/questions/tagged/python-
        and use the tag
     ▶ <code class="docutils literal notranslate"> ... </code>
        .
     </p>
  </div>
 ▶ <div id="send-a-tweet" class="section">
```

图 1-3-3 部分相关源码样式

从如图 1-3-3 所示的源码可以看出，该段内容在 <div id="stack-overflow" class="section"> 标签之内，并且以 <h2> 标签标示了大标题（Stack Overflow），以 <p> 标签标示了其下的文本说明。

以后三段内容与此类似。

根据上述规律，可以编写如下代码，以获取相应文本内容。

```
In [3]: from bs4 import BeautifulSoup
        soup = BeautifulSoup(response.text)     # ③
        def extract_text(soup, id_value):
            txt = soup.find("div", {"id": id_value})   # ⑤
            title = txt.h2.text       # ⑥
            content = txt.p.text      # ⑦
            return {title: content}

        result = {}
        for id_value in ("stack-overflow",
                         "send-a-tweet",
                         "file-an-issue",
                         "e-mail", "irc"):
            web_txt = extract_text(soup, id_value)    # ⑧
            result.update(web_txt)

        import pprint
        pprint.pprint(result)     # ⑨
        # 以下为输出内容
        {'E-mailÂ¶': 'Iâ\x80\x99m more than happy to answer any personal or in-depth '
                     'questions about\n'
                     'Requests. Feel free to email\n'
                     'requests@kennethreitz.com.',
         'File an IssueÂ¶': 'If you notice some unexpected behaviour in Requests, or '
                            'want to see support\n'
                            'for a new feature,\n'
                            'file an issue on GitHub.',
         'IRCÂ¶': 'The official Freenode channel for
```

循环得到每个 <div> 中的 id 值。

输出内容中的"乱码"系爬虫所得内容的一部分。

```
                        Requests is\n#python-requests',
    'Send a TweetÂ¶': 'If your question is less than 
                       280 characters, feel free to '
                      'send a tweet to\n'
                      '@kennethreitz,\n'
                      '@sigmavirus24,\n'
                      '@lukasaoz, or\n'
                      '@nateprewitt.',
    'Stack OverflowÂ¶': 'If your question does not 
                         contain sensitive (possibly '
                        'proprietary)\n'
                        'information or can be 
                         properly anonymized, please 
                         ask a '
                        'question on\n'
                        'Stack Overflow\n'
                        'and use the tag python-
                         requests.'}
```

In[1] 的②所得到的是一个包含了所有源码的字符串，In[3] 的③则是通过 BeautifulSoup 模块将其转化为纯粹的 HTML 代码，如 In[4] 所示——其实是 bs4.BeautifulSoup 类型对象。

```
In [4]: soup
Out[4]: <!DOCTYPE html PUBLIC "-//W3C//DTD XHTML 1.0 
         Transitional//EN"
        "http://www.w3.org/TR/xhtml1/DTD/xhtml1-
         transitional.dtd">
        <html lang="en"
         xmlns="http://www.w3.org/1999/xhtml">
        ...// 省略部分代码
        </html>
```

从对源码的分析可知，所要的内容在 <div> 标签内，其 id 值分别是 "stack-overflow"、"send-a-tweet"、"file-an-issue"、"e-mail" 和 "irc"。

函数 extract_text 中的⑤使用 find 方法依据 id 值查询到相应 <div> 标签中的文本，此文本也由 HTML 源码组成。再从中分别读取到标题和内容，⑥获取 <h2> 标签内的文本，⑦获取 <p> 标签内的文本。

然后用循环语句，依次向函数传入 <div> 标签的 id 值，获取相应文本内容（如⑧所示）。

为了显示更清晰，⑨使用了标准库中的 pprint 模块的函数。

利用 In[3] 代码得到的文本内容，可以保存到文件或者数据库中。

项目案例

1. 项目描述

爬取"豆瓣电影"中即将上映电影的信息，网址是 https://movie.douban.

> 出于网站的原因，读者阅读此内容时，要先确认该网址是否有效。网站修改 URL 是正常且经常发生的行为。

com/coming，具体要求如下：

- 获得网页中所列出的"即将上映电影"信息。
- 网页中的"片名"都是超链接对象，显示了每部电影的详细信息，要求以该超链接为入口，通过每部电影的详细信息，得知其导演、主演。
- 将上述两部分数据合并为一个 Pandas 的 DataFrame 对象，并保存成本地的 CSV 文件。

2. 实现过程

（1）分析网页源码。

在浏览器中打开页面并显示源码，如图 1-3-4 所示（注意，随着时间的推移，读者访问该页面的时候，所显示的电影信息会有所差异）。单击图中①指向的选择工具，用它在页面上单击任何一个元素，就会在下半部分的源码中标记出与该元素对应的源码。反之，如果单击下面的源码，也可以在上面的网页中标记出相应的元素，如图中②所示。

> 图 1-3-4 所使用的浏览器是 Firefox。

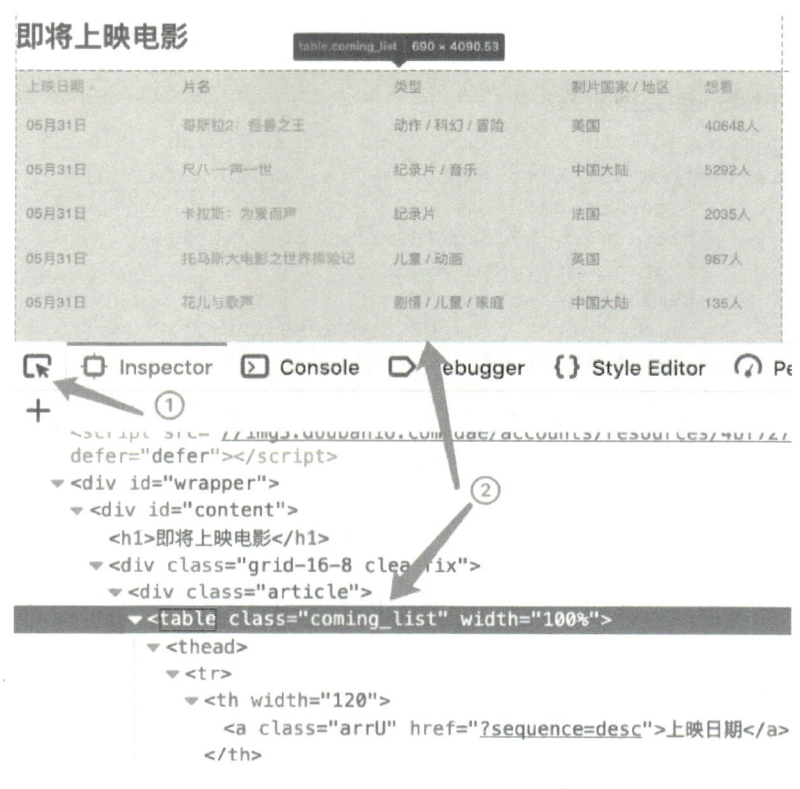

图 1-3-4 \<table\> 标签与网页内容

> 在 HTML 中使用 \<table\> 标签来定义表格。每个表格均有若干行（由 \<tr\> 标签定义），每行被分割为若干单元格（由 \<td\> 标签定义）。字母 td 指表格数据（table data），即数据单元格的内容。

如此，就知道了页面中的列表内容在 \<table\> 标签内，并且每一行是一个 \<tr\> 标签，每个单元格中的内容则对应着一个 \<td\> 标签。\<td\> 标签与网页内容如图 1-3-5 所示。

第 1 章　感知数据　035

```
</thead>
▼<tbody class="">
    ▼<tr class="">
        ▼<td class="">05月31日</td>
        ▼<td>
            <a class="" href="https://movie.douban.com/subject/25890017/">哥斯拉2: 怪兽之王</a>
            event
        </td>
        <td class="">动作 / 科幻 / 冒险</td>
        <td class="">美国</td>
        <td class="">40648人</td>
    </tr>
```

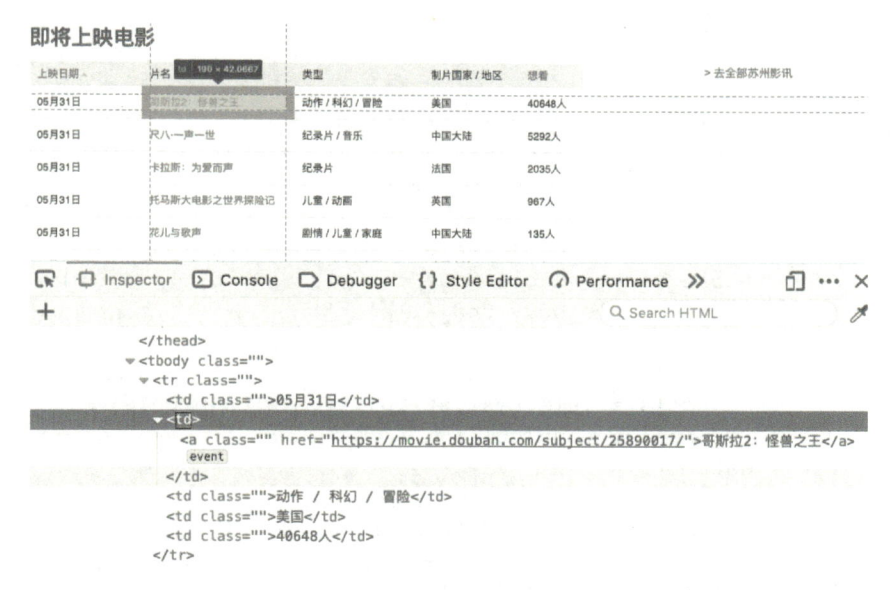

图 1-3-5　<td> 标签与网页内容

用同样的方式，分析出每部电影详细信息的 HTML 源码结构，如图 1-3-6 所示。

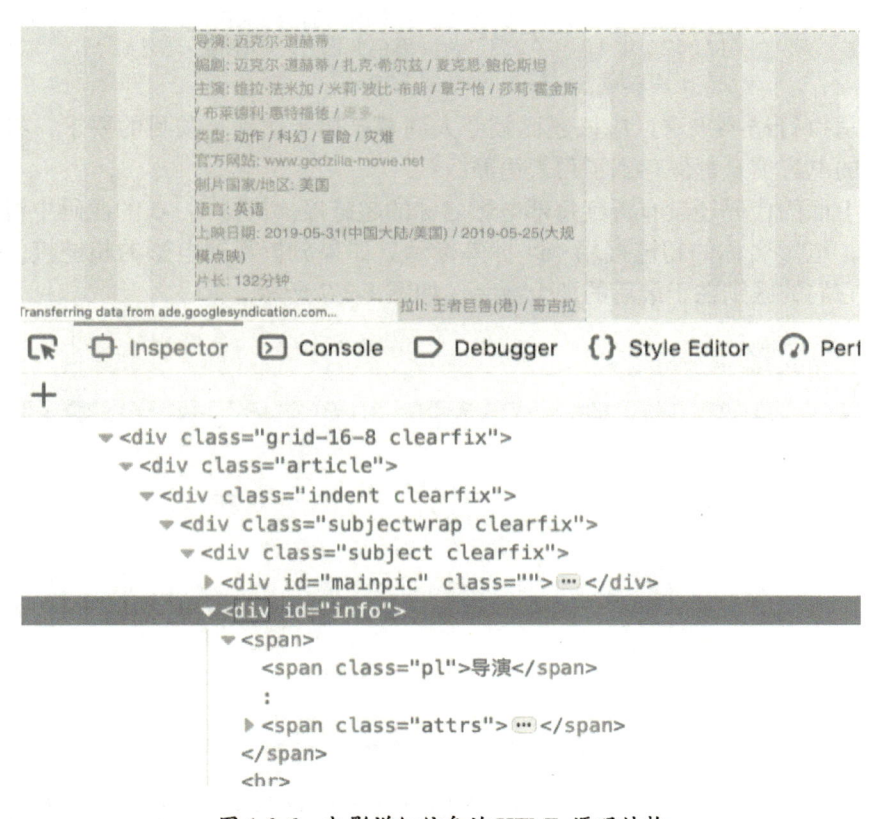

```
▼<div class="grid-16-8 clearfix">
    ▼<div class="article">
        ▼<div class="indent clearfix">
            ▼<div class="subjectwrap clearfix">
                ▼<div class="subject clearfix">
                    ▶<div id="mainpic" class=""> ⋯ </div>
                    ▼<div id="info">
                        ▼<span>
                            <span class="pl">导演</span>
                            :
                            ▶<span class="attrs"> ⋯ </span>
                        </span>
                        <hr>
```

图 1-3-6　电影详细信息的 HTML 源码结构

（2）获取列表内容。

```
In [5]: import requests
        from bs4 import BeautifulSoup
        r = requests.get('https://movie.douban.com/coming')
        soup = BeautifulSoup(r.text)
        data = []
        table = soup.find('table', {"class":"coming_list"})
        table_body = table.find('tbody')
        rows = table_body.find_all('tr')
        for row in rows:
            cols = row.find_all('td')
            cols = [ele.text.strip() for ele in cols]
            data.append(cols)
        data
Out[5]: [['05月31日', '哥斯拉2：怪兽之王',
          '动作 / 科幻 / 冒险', '美国', '40734人'],
         ['05月31日', '尺八·一声一世', '纪录片 / 音乐',
          '中国大陆', '5305人'],
         ['05月31日', '卡拉斯：为爱而声', '纪录片',
          '法国', '2047人'],
         ......    # 此处省略部分内容
         ['2020年06月21日', '六月的秘密',
          '剧情 / 悬疑 / 音乐', '中国大陆 / 美国', '542人'],
         ['2020年10月01日', '黑色假面', '剧情 / 悬疑',
          '中国大陆', '3957人']]
```

> 注意区分 find_all 和 find。两者都返回符合条件的所有标签，find_all 返回的值是列表；find 直接返回结果。

从执行结果来看，应该还比较令人满意，初步达到了项目的要求，将网页上的电影信息都保存到了列表里面。

上面的代码还没有得到每部电影名称的超链接。从图 1-3-5 的源码中可以看出，电影名称的超链接用 <a> 标签标示。如果分析不同电影的超链接，会发现它们的区别在于最后的那个数字，如图 1-3-7 所示。

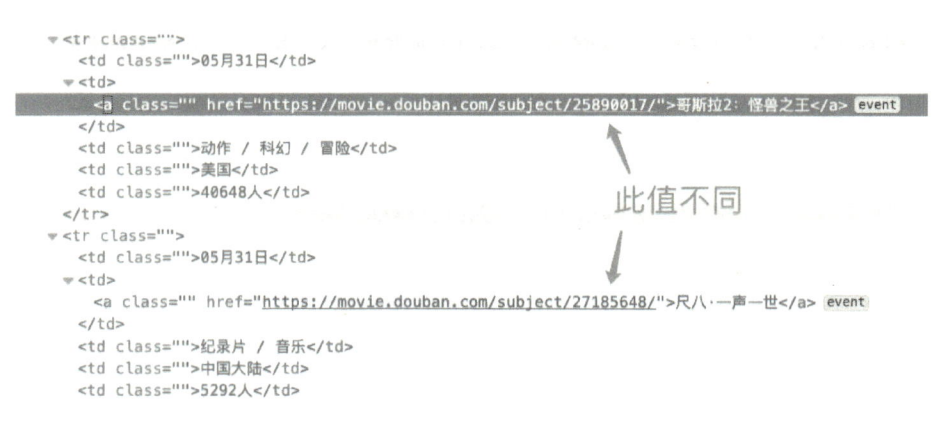

图 1-3-7 不同电影的超链接的差别

可以认为，图 1-3-7 中不同的值是每部电影的网页在该网站的唯一标示——称为 id 值，因此只要得到了它，就能写出每部电影详细信息页面的 URL。

依照上述思路，优化 In[5] 的代码。

```
In [6]: import requests
        from bs4 import BeautifulSoup
        r = requests.get('https://movie.douban.com/coming')
        soup = BeautifulSoup(r.text)

        data = []
        table = soup.find('table', {"class":"coming_list"})
        table_body = table.find('tbody')
        rows = table_body.find_all('tr')
        for row in rows:
            id_value = 
               row.find("a")['href'][-9:-1].replace("/", '')
                                                          # ⑩
            cols = row.find_all('td')
            cols = [ele.text.strip() for ele in cols]
            cols.append(id_value)       # ⑪
            data.append(cols)
```

In[6] 的 ⑩ 和 ⑪ 是新增代码，⑩ 的功能就是得到图 1-3-7 中所标示的 id 值。

以上所得到的 data 是列表，可以将其转换为 Pandas 中的 DataFrame 对象，并将内容保存到 CSV 文件中。

```
In [7]: import pandas as pd
        df = pd.DataFrame(data)
        df.columns = ['上映日期','片名','类型',
                      '制片国家/地区','想看','ID']
        df.head()
Out[7]:
```

	上映日期	片名	类型	制片国家/地区	想看	ID
0	05月31日	哥斯拉2：怪兽之王	动作/科幻/冒险	美国	40734人	25890017
1	05月31日	尺八·一声一世	纪录片/音乐	中国大陆	5305人	27185648
2	05月31日	卡拉斯：为爱而声	纪录片	法国	2047人	27089205
3	05月31日	托马斯大电影之世界探险记	儿童/动画	英国	972人	30236340
4	05月31日	花儿与歌声	剧情/儿童/家庭	中国大陆	136人	33393269

（3）获取影片详情。

```
In [8]: url_fore = 'https://movie.douban.com/subject/'
        def movie(id_value):
```

```python
            response = requests.get(url_fore + id_value)
            soup = BeautifulSoup(response.text)
            movie_infos = soup.find('div', {"id": "info"})
            directors = movie_infos.find_all(
                        rel="v:directedBy")       # ⑬
            dlst = [d.text for d in directors if d]    # ⑭
            actors = movie_infos.find_all(rel="v:starring")
            alst = [actor.text
                    for actor in actors
                    if actor]
            director_str = '|'.join(dlst)
            actor_str = '|'.join(alst)
            return [director_str, actor_str, id_value]

movies_lst = []
for i in df["ID"]:
    infos = movie(i)
    movies_lst.append(infos)

movies_df = pd.DataFrame(
                movies_lst,
                columns=["导演", "主演", "ID"])
movies_df.head()
```

```
Out[8]:
        导演              主演             ID
   0   迈克尔·道赫蒂        维拉·法米加|...    25890017
   1   聿馨              佐藤康夫|...      27185648
   2   汤姆·沃尔夫         玛丽亚·卡拉斯|... 27089205
   3   大卫·斯特登         蒂娜·德赛|...    30236340
   4   王蕾              魏歆惠|...       33393269
```

> 此处省略了显示的部分内容，请读者观察调试结果。

在前面的基础上，理解 In[8] 相对容易一些。⑬的参数与以往有所不同，这是因为在电影详情的页面中，对不同项目并没有设置不同的 id 或者 class 值，如图 1-3-8 所示。从此源码中可以看出，如果要得到导演的名称（即 <span> 标签中的文本）是比较麻烦的，因为多个 <span> 标签中的 class 值都相同。但是，观察发现，在相应的 <span> 标签中还有 "rel="v:directedBy"" 以区别于其他项目，于是在⑬中使用了它。⑭的解决方法类似。

> 网络爬虫技术的关键在于认真分析网页源码特点。

请注意，因为网站页面可能会被开发者随时修改，当读者调试上述代码的时候，一定要对照网站源码，并根据当下的源码结构进行适当调整。

（4）保存数据。

根据项目要求，最后要合并 In[7] 和 In[8] 得到的数据，并保存到本地的 CSV 文件中。

```
In [9]: datas = pd.merge(df, movies_df, on='ID')     # ⑮
        tdatas.to_csv("./chapter01/movies.csv")
```

⑮将前述两个 DataFrame 对象合并，因为两数据中都有名为 "ID" 的列，

于是以它为合并依据（即 on='ID' 的含义）。

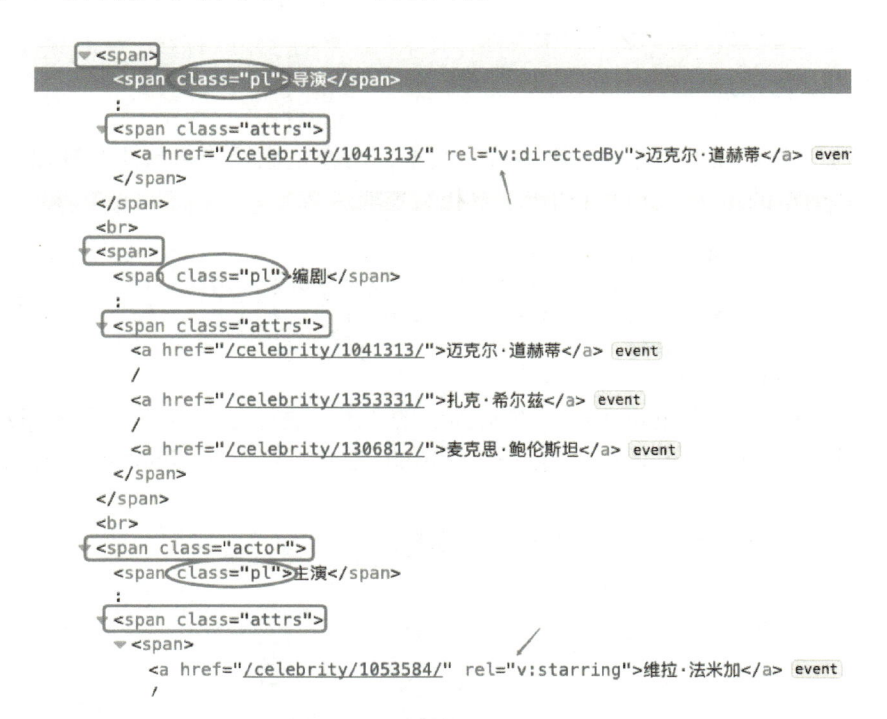

```
▼<span>
    <span class="pl">导演</span>
     :
  ▼<span class="attrs">
      <a href="/celebrity/1041313/" rel="v:directedBy">迈克尔·道赫蒂</a> event
   </span>
 </span>
 <br>
▼<span>
    <span class="pl">编剧</span>
     :
  ▼<span class="attrs">
      <a href="/celebrity/1041313/">迈克尔·道赫蒂</a> event
      /
      <a href="/celebrity/1353331/">扎克·希尔兹</a> event
      /
      <a href="/celebrity/1306812/">麦克思·鲍伦斯坦</a> event
   </span>
 </span>
 <br>
▼<span class="actor">
    <span class="pl">主演</span>
     :
  ▼<span class="attrs">
    ▼<span>
        <a href="/celebrity/1053584/" rel="v:starring">维拉·法米加</a> event
        /
```

图 1-3-8　电影详情的页面中的源码分析

> 对网站而言，修改网页结构是常见的操作，因此爬虫技术鲜有一劳永逸，需要根据网站的技术调整而进行相应变化。

动手练习

（对于以下两个练习，可以二选一。）

1. 利用爬虫技术，从电子商务网站上获取某类商品的用户评论信息。
2. 利用爬虫技术，从电子商务网站上获取部分商品的名称、价格、已销售数量等信息。

扩展探究

1. Scrapy 是一款开源的网络爬虫框架，官方网站：https://scrapy.org/。建议读者学习和应用此工具。
2. 除了通用的网络爬虫工具，还有一些专门针对某网站的工具，例如 https://github.com/SpiderClub/weibospider 是一款针对微博网站的专用工具。

1.4　来自 API 的数据

API（Application Programming Interface，应用程序接口）是软件程序或者网络服务与外界进行交互的接口，通过它可以得到程序或者网站所提供

> port 可译为"端口""接口"，通常用于硬件；interface 可译为"界面""接口"，一般指抽象化的中介物。

的一些数据。对 API 的更详细介绍,可以参阅:https://en.wikipedia.org/wiki/Application_programming_interface。

> **基础知识**

网站提供 API 让开发者调用有关数据,已经是比较普遍的商业现象。此处列举简单的示例,让读者初步了解相关技能。

```
In [1]: import requests
        url = "https://api.github.com/users/qiwsir"
        response = requests.get(url)      # ①
        response
Out[1]: <Response [200]>
```

① 所访问的是 github.com 网站提供的 API,通过它获得用户名为 qiwsir 的用户在 github.com 上有关信息——qiwsir 是本书作者在 github.com 网站的用户名。

从 Out[1] 的结果可知,①的访问请求成功了。

```
In [2]: response.json()
Out[2]: {'login': 'qiwsir',
         'id': 3646955,
         'node_id': 'MDQ6VXNlcjM2NDY5NTU=',
         'avatar_url': 'https://avatars2.
                       githubusercontent.com
                       /u/3646955?v=4',
         'gravatar_id': '',
         'url': 'https://api.github.com/users/qiwsir',
         'html_url': 'https://github.com/qiwsir',
         'followers_url': 'https://api.github.com/users/
                          qiwsir/followers',
         'following_url': 'https://api.github.com/users/
                          qiwsir/following{/other_user}',
         'gists_url': 'https://api.github.com/users/
                      qiwsir/gists{/gist_id}',
         'starred_url': 'https://api.github.com/users/
                        qiwsir/starred{/owner}{/repo}',
         'subscriptions_url': 'https://api.github.com/
                              users/qiwsir/subscriptions',
         'organizations_url': 'https://api.github.com/
                              users/qiwsir/orgs',
         'repos_url': 'https://api.github.com/users/
                      qiwsir/repos',
         'events_url': 'https://api.github.com/users/
                       qiwsir/events{/privacy}',
         'received_events_url': 'https://api.github.com/
                                users/qiwsir/
                                received_events',
         'type': 'User',
```

```
'site_admin': False,
'name': '老齐',
'company': '易水禾软件',
'blog': 'http://www.itdiffer.com',
'location': 'Suzhou China',
'email': None,
'hireable': True,
'bio': None,
'public_repos': 270,
'public_gists': 0,
'followers': 4492,
'following': 25,
'created_at': '2013-02-20T11:44:27Z',
'updated_at': '2018-12-14T02:07:57Z'}
```

在 1.3 节演示爬虫技术的时候，曾经使用返回对象的 text 属性，得到了返回内容的字符串，即所得页面的源码。在 In[2] 中也可以通过 text 属性得到一个字符串，不过，对于 API 而言，一般得到的是 JSON 格式的数据，In[2] 调用了返回对象的 json 方法，Out[2] 显示的为其结果。

对于 JSON 格式的数据，可以认为是半格式化的数据，为了在数据分析和机器学习中使用，通常要从中选出所需要的部分，并保存为结构化数据，比如保存到 CSV 文件。

> JSON（JavaScript Object Notation, JavaScript 对象表示法）是轻量级的文本数据交换格式，独立于语言。JSON 解析器和 JSON 库支持许多不同的编程语言。

```
In [3]: import pandas as pd
        data = response.json()           # ②
        login = data['login']            # ③
        name = data['name']
        blog = data['blog']
        public_repos = data['public_repos']
        followers = data['followers']
        html_url = data['html_url']
        df = pd.DataFrame([[login, name, blog,
                            public_repos, followers,
                            html_url]],
                          columns=['login', 'name', 'blog',
                                   'public_repos',
                                   'followers',
                                   'html_url'])    # ④
        df
Out[3]:
    login   name  blog           public_repos  followers  html_url
0   qiwsir  老齐   http://         270           4492       https://
                  www.itdi                                 github.com/
                  ffer.com                                 qiwsir
```

②得到了 JSON 格式的数据，然后用③及其后面的语句从中抽取出所需要的部分，并将它们定义为 DataFrame 类型的数据（如④）——这是结构化的数据。

以上示例只是从通过 API 中得到了一个用户（qiwsir）的有关信息，如果有多个用户，则可以通过循环语句向 github.com 提交多次请求——修改 In[1] 的①中请求地址（https://api.github.com/users/{user} 的 {user} 值为用户名）。

项目案例

1. 项目描述

本地新闻 API：https://news.baidu.com/ widget?id=LocalNews&ajax=json。

利用此 API，完成下述操作：

- 得到本地新闻。
- 将新闻标题、URL 保存到 CSV 文档中。

2. 实现过程

```
In [4]: url = "https://news.baidu.com/widget
                        ?id=LocalNews&ajax=json"
        r = requests.get(url)
        local_news = r.json()
```

执行 In[4] 代码，得到了变量 local_news 所引用的 JSON 对象。建议读者执行此程序，并显示 local_news 的完整内容，通过分析其结构，以确定如何得到新闻标题和 URL。

```
In [5]: news = local_news['data']['LocalNews']\
                        ['data']['rows']['first']   # ⑤
        news_df = pd.DataFrame(columns=['title',
                                        'url', 'time'])
        for one in news:
            news_df = news_df.append({'title':one['title'],
                                      "time": one['time'],
                                      'url': one['url']},
                                      ignore_index=True)# ⑥
        news_df.to_csv("./news.csv")
```

In[5] 的⑤就是在对 In[4] 所得的 JSON 数据进行分析之后，得到所有的新闻列表，然后用循环语句取出每条新闻，并将其中的部分内容追加到一个空 DataFrame 中（如⑥所示）。

很多网站都向开发者提供了丰富的 API，在网站之外的应用中调用本网站的有关数据。通常，网站都会提供比较完整的 API 相关文档，开发者应首先认真阅读文档，根据有关规定向网站提交请求后才能得到正确的回复信息。

动手练习

1. 利用下面的 API，查询任意指定日期对应的农历和相关其他信息。

API 地址为 https://www.sojson.com/open/api/lunar/ json.shtml?date={data}，data 的格式为"年 - 月 - 日"，例如 https:// www.sojson.com/open/api/lunar/json.

URL 包括以下各项。

1. 协议：http:，代表网页使用的是 HTTP 协议。"https:" 后面的 "//" 为分隔符。
2. 域名："news.baidu.com"。
3. 端口：端口不是一个 URL 必需的部分，如果省略端口部分，则采用默认端口 80。
4. 虚拟目录：指域名后面的 "/"，widget 为目录名称。
5. 参数：以 "?" 表示，id 为参数，值为 LocalNews。如果有多个参数，则用 "&" 作为分隔符。

使用 requests 的 get 请求此 API，要增加 headers 参数。

shtml?date=2019-07-28。

2. 创建一个 Python 列表，其中的元素为国内部分城市名称（数量自定）。然后在网上找一个提供城市经纬度的 API，获得每个城市的经纬度数值，并保存到 CSV 文档中。

扩展探究

大型网站一般都有"开放平台"，其中会包含多方面的 API，以便开发者使用。请读者根据自己的兴趣，选择一个网站的"开放平台"，并深入研究其中的 API 使用方法，并获得某些有价值的数据。

第2章 数据清理

现实的数据是多种多样的，即使它们已经是结构化的，仍可能存在各种问题，如数据不完整、丢失、类型错误、前后不一致等。因此，要进行数据清理（Data cleaning），也译为数据清洗。

有一句流传已久的话："Garbage in, garbage out"（垃圾进，垃圾出）。对这句话的详细说明，请参考：https://en.wikipedia.org/wiki/Garbage_in,_garbage_out），现在我们也把这句话用于数据科学领域，旨在强调数据本身对结果的影响。

第2章知识结构如图2-0-0所示。

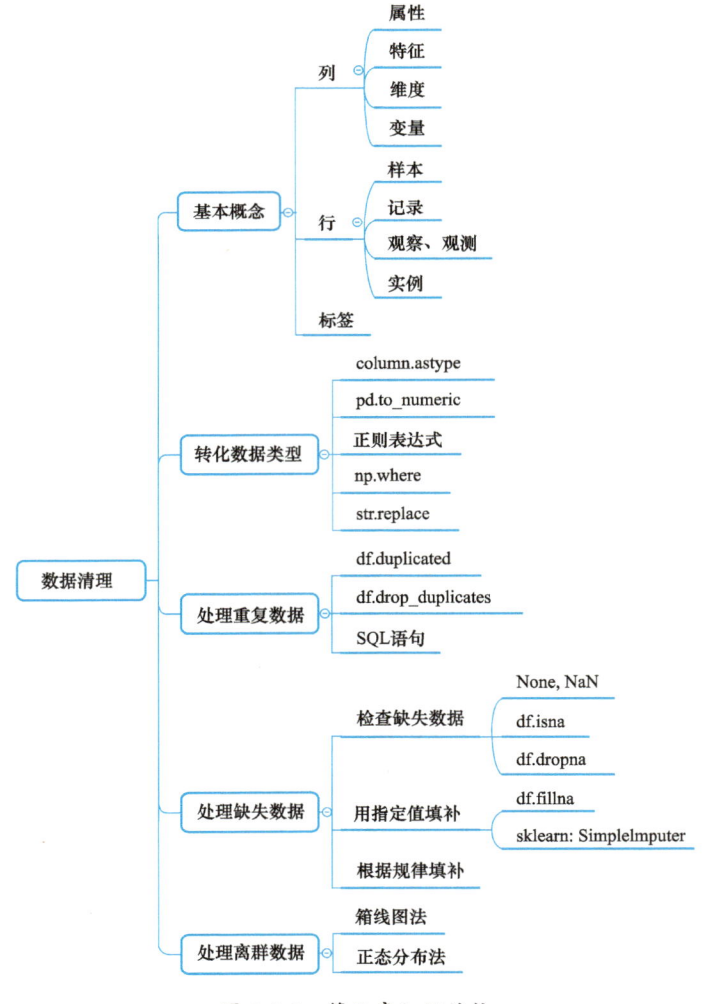

扫描二维码，获得本章学习资源

图2-0-0　第2章知识结构

2.0 基本概念

因为数据科学项目的覆盖领域比较多，研究者来自不同学科，他们各自引入其学科的名词，所以就形成了同一个对象有多个名称的现象。这里将常用的名称与其所指对象进行归类，以便于具有不同学科背景的读者阅读。

通常，以二维表的方式表示数据，Pandas 中的 DataFrame 类型的数据是最常见的。

> sample 方法实现从数据集中抽样选取样本。

```
In [1]: import pandas as pd
        path = "/Users/qiwsir/Documents/Codes/DataSet"
        df = pd.read_csv(path + "/pm25/pm2.csv")
        df.sample(10)
Out[1]:
            RANK    CITY_ID    CITY_NAME    Exposed days
    166     189     195        镇江           124
    104     116     91         锦州           88
    194     217     244        淮北           141
    101     113     121        辽源           87
    11      12      64         鄂尔多斯       18
    51      59      233        台州           57
    183     206     597        铜川           132
    105     117     107        葫芦岛         88
    170     193     414        黄冈           126
    54      62      44         朔州           58
In [2]: df.shape
Out[2]: (264, 4)
```

在 Out[1] 显示的二维表格中，每行是一个对象，它被冠以的名称有"记录"（Record）、"样本"（Sample）、"观察/观测"（Observation）、"实例"（Instance），甚至干脆就是"行"（Row）。

如果读者熟悉某种面向对象的编程语言，则会想到：每行是一个实例对象，那么该对象应该有"属性"吧？的确如此。在 Out[1] 显示的二维表中，列就是描述对象的"属性"（Attribute）——这是一个常用的名称，"特征"（Feature）也是列的常用名称，此外还有"维度/维"（Dimension）和"变量"（Variable）等称呼。

如果根据某种规则，将 In[1] 读取到的数据集中的城市划分等级，如 Out[1] 中 RANK 列所示，那么该列被称为"标签/标记"（Labels）。在机器学习的有监督学习中，它就是"因变量"（Dependent Variable），其他特征称为"自变量"（Independent Variable）。有时候为了简化，也称为"输出"和"输入"。

> 有的数据集有标签，可用于有监督学习。

从 In[2] 的操作结果可知，In[1] 所得数据集共有 264 个样本、4 个特征。每个特征的数据也各有不同的类型。通常，可以使用如下两种方式了解特征的数据类型。

```
In [3]: df.info()
Out[3]: <class 'pandas.core.frame.DataFrame'>
        RangeIndex: 264 entries, 0 to 263
        Data columns (total 4 columns):
        RANK            264 non-null int64
        CITY_ID         264 non-null int64
        CITY_NAME       264 non-null object
        Exposed days    264 non-null int64
        dtypes: int64(3), object(1)
        memory usage: 8.3+ KB

In [4]: df.dtypes
Out[4]: RANK             int64
        CITY_ID          int64
        CITY_NAME       object
        Exposed days     int64
        dtype: object
```

In[3] 和 In[4] 都是 Pandas 的基本操作，根据输出结果可以对数据集有概括性的了解，为后续的各种操作奠定感性基础。

2.1 转化数据类型

数据集中的数据，有的是整数或浮点数类型，有的可能是字符串类型、布尔类型等，而数据分析和机器学习算法喜欢的是整数或浮点数（统称“数值”）。如果数据集中出现非数值类型的数据，就需要对其进行适当转化。

能够对数据类型进行转化的方法有多种，最简单的一种方法是用 Excel 等电子表格软件实现。如图 2-1-1 所示，将 A 列的整数通过函数 TEXT 转化为如 C 列所示的日期类型。

电子表格软件适合对结构化“小数据”进行统计分析。

C2 =TEXT(A2, "yyyy-mm-dd")

	A	B	C	D
1	date	count		
2	43523	2	2019-02-27	
3	43524	3	2019-02-28	
4	43525	4	2019-03-01	
5	43526	6	2019-03-02	
6	43527	3	2019-03-03	
7	43528	9	2019-03-04	
8	43529	23	2019-03-05	
9	43530	4	2019-03-06	
10				

图 2-1-1 用 Excel 实现数据类型转化

Excel 是一个功能强大的工具，有兴趣的读者可以对它进行深入研究，但本书不将它作为重点，下面重点阐述的是用 Pandas 实现数据类型转化。

基础知识

Pandas 是在数据科学中必知、必会的工具,对于数据类型转化,它提供了一个直接的方法 astype。

> 附录 C:Pandas 简介。

```
In [1]: import pandas as pd
        df = pd.DataFrame([{'col1':'a', 'col2':'1'},
                           {'col1':'b', 'col2':'2'}])
        df.dtypes
Out[1]:
        col1    object
        col2    object
        dtype: object

In [2]: df
Out[2]:
              col1    col2
        0     a       1
        1     b       2
```

在 Out[2] 的输出结果中观察,"col2"特征的值貌似整数,用 df.dtypes 查看该特征的数据类型,如 Out[1] 显示结果。对比前面的数据集创建过程可知,"col2"特征中的数据都是字符串类型的。

如何将"col2"特征的值转换为整数类型的?

```
In [3]: df['col2-int'] = df['col2'].astype(int)    # ①
        df
Out[3]:
              col1   col2   col2-int
        0     a      1      1
        1     b      2      2
In [4]: df.dtypes
Out[4]:
        col1       object
        col2       object
        col2-int   int64
        dtype: object
```

In[3] 的①使用了最简单的转换方法 df['col2'].astype(int),将原来由数字组成的字符串转化成整数,并且从 Out[4] 显示结果中能够看到转化后的类型。

用 astype 方法,只能转化全部由数字组成的数据,如果遇到下面的问题,它就无能为力了。

```
In [5]: s = pd.Series(['1', '2', '4.7', 'pandas', '10'])
        s.astype(float)
        ---------------------------------------------------
        ValueError         Traceback (most recent call last)
```

```
……（省略部分报错信息）
ValueError: could not convert string to float:
'pandas'
```

报错信息中告知我们，不能将字符串转化为浮点数。

```
In [6]: s.astype(float, errors='ignore')
Out[6]: 0         1
        1         2
        2        4.7
        3      pandas
        4        10
        dtype: object
```

这样做虽然不报错了，但是没有达到目的，必须另寻他途。Pandas 中提供了另外一个实现类型转化的函数 to_numeric。

```
In [7]: pd.to_numeric(s)
---------------------------------------------
ValueError            Traceback (most recent call last)
……（省略部分报错信息）
ValueError: Unable to parse string "pandas" at
position 3
```

依然报错，而且错误原因与前述的一样。别气馁，遇到这样的情况，应该看看它的帮助文档，详细了解此函数的使用方法（在代码块中执行：pd.to_numeric?）。

> 阅读帮助文档，要有耐心，切忌走马观花。

```
In [8]: pd.to_numeric(s, errors='coerce')
Out[8]: 0      1.0
        1      2.0
        2      4.7
        3      NaN
        4     10.0
        dtype: float64
```

> 关于"缺失值"，请参考 2.3 节。

Out[8] 输出结果显示，这次成功了，将字符串类型的数据转化为浮点数类型，并且将原数据中由字母组成的字符串强制转化为 NaN——表示缺失值，但它是一个浮点数。

项目案例

1. 项目描述

读取 "/sales-data/sales_data_types.csv" 中的数据，根据要求对特征数据类型进行转化：

- 将 "Customer Number" 的数据转化为字符类型。
- 将 "2016" 和 "2017" 的数据转化为浮点数类型。
- 将 "Percent Growth" 的数据转化为浮点数类型。

- 将 "Jan Units" 的数据转化为浮点数类型。
- 将 "Month" "Day" "Year" 三个特征的数据合并为一个日期类型的特征。
- 将 "Active" 的数据用 1 和 0 表示。

2. 实现过程

实际业务中的数据转化，不是用上述单纯一个函数/方法就能解决的，还要综合其他的技能。读者在研习本案例的时候，可能会遇到未学习过的知识技能，请参考"扩展探究"中推荐的学习资料。

```
In [9]: path = "/Users/qiwsir/Documents/Codes/DataSet"
        df = pd.read_csv(path + 
                        "/sales-data/sales_data_types.csv")
```

首先检查每个特征的基本信息。

```
In [10]: df.info()
         # 以下是输出内容
         <class 'pandas.core.frame.DataFrame'>
         RangeIndex: 5 entries, 0 to 4
         Data columns (total 10 columns):
         Customer Number    5 non-null float64
         Customer Name      5 non-null object
         2016               5 non-null object
         2017               5 non-null object
         Percent Growth     5 non-null object
         Jan Units          5 non-null object
         Month              5 non-null int64
         Day                5 non-null int64
         Year               5 non-null int64
         Active             5 non-null object
         dtypes: float64(1), int64(3), object(6)
         memory usage: 480.0+ bytes
```

下面根据项目要求逐个对每个特征的数据类型进行转化。

（1）将特征 "Customer Number" 的数据转化为字符串类型。

```
In [11]: df[['Customer Number']]
Out[11]:
            Customer Number
         0       10002.0
         1       552278.0
         2       23477.0
         3       24900.0
         4       651029.0
In [12]: df['Customer Number'].astype(int).astype(str)
Out[12]: 0       10002
         1       552278
         2       23477
         3       24900
```

此特征的数据原来是浮点数类型，先将其转化为整数，再转化为字符串类型。

```
4    651029
Name: Customer Number, dtype: object
```

（2）特征"2016"和"2017"的数据表示的是资金额度，目前的写法符合通常的要求，但不符合数据科学项目的要求——应该是浮点数，不能是字符串。此处显然不能直接使用 astype 或者 to_numeric，因为字符串中包含了非数字的字符"$"和","。为此，写一个函数专门来解决这个转化问题。

```
In [13]: df[['2016', '2017']]
Out[13]:
              2016            2017
         0    $125,000.00     $162500.00
         1    $920,000.00     $101,2000.00
         2    $50,000.00      $62500.00
         3    $350,000.00     $490000.00
         4    $15,000.00      $12750.00
In [14]: def convert_money(value):
             new_value = value.replace("$","") \
                              .replace(",","")    # ②
             return float(new_value)

         df['2016'].apply(convert_money)     # ③
Out[14]: 0     125000.0
         1     920000.0
         2      50000.0
         3     350000.0
         4      15000.0
Name: 2016, dtype: float64
```

> replace 是字符串的方法；行末的"\"符号表示本行折行，下面一行与本行原为一行，因显示问题分为两行。

In[14] 中编写了转换函数 convert_money，②将字符串中的非数字字符替换为空（注意不是空格），即去掉非数字字符，然后返回浮点数对象。③调用这个函数，实现了对特征"2016"中数据类型的转化，如此得到的都是浮点数。同样的方法也可以用在特征"2017"中。

（3）特征"Percent Growth"的数据也可以用类似于 In[14] 的方法实现转换，下面的操作只是换了一种函数形式。

```
In [15]: df[['Percent Growth']]
Out[15]:
              Percent Growth
         0    30.00%
         1    10.00%
         2    25.00%
         3    4.00%
         4    -15.00%
In [16]: conv_fun=lambda x: float(x.replace("%", "")) / 100
         df['Percent Growth'].apply(conv_fun)
Out[16]: 0     0.30
         1     0.10
         2     0.25
         3     0.04
```

> lambda 函数因其简洁而被经常使用。关于此函数的相关知识请参阅《Python 大学实用教程》（电子工业出版社出版）。

```
         4    -0.15
Name: Percent Growth, dtype: float64
```

In[16] 所使用的转化函数是以 lambda 的形式写的,其实与 In[12] 的 convert_money 函数的效果相当。

(4) 特征 "Jan Units" 的数据就没有那么复杂了,使用函数 to_numeric 就可以实现转化,需要小心的是特征的值中有一个字符串 "Closed",因此在参数中应该使用 "errors = 'coerce'" 以实现强制转换。

```
In [17]: df[['Jan Units']]
Out[17]:
            Jan Units
         0    500
         1    700
         2    125
         3    75
         4    Closed
In [18]: pd.to_numeric(df['Jan Units'], errors='coerce')
Out[18]: 0    500.0
         1    700.0
         2    125.0
         3    75.0
         4    NaN
Name: Jan Units, dtype: float64
```

(5) 特征 "Active" 中的数据只有两种类型,按照要求用数字 1 和 0 来表示。

```
In [19]: df[['Active']]
Out[19]:
            Active
         0    Y
         1    Y
         2    Y
         3    Y
         4    N
In [20]: import numpy as np
         np.where(df['Active']=='Y', 1, 0)
Out[20]: array([1, 1, 1, 1, 0])
```

函数 np.where 能够实现类似条件判断的功能。

```
where(condition, [x, y])
```

如果 condition 是 True,就返回 x,否则返回 y。如果没有 x、y,则返回 condition.nonzero(),注意不是 None。

(6) 表示年、月、日的三个特征是 "Year" "Month" "Day",原来的数据类型都是整数型,现在需要把它们组成一个特征,让它表示日期,并且是日期类型。

```
In [21]: df[['Year', 'Month', 'Day']]
```

```
Out[21]:
        Year   Month   Day
    0   2015   1       10
    1   2014   6       15
    2   2016   3       29
    3   2015   10      27
    4   2014   2       2
In [22]: pd.to_datetime(df[['Month', 'Day', 'Year']])
Out[22]: 0    2015-01-10
         1    2014-06-15
         2    2016-03-29
         3    2015-10-27
         4    2014-02-02
         dtype: datetime64[ns]
```

经过上面的各种探索操作之后，已经实现了对有关数据类型的转化。下面将上述探索过程集成为一个完整的程序。

> 应该注意参数 converters 的应用方法。

```
In [23]: import pandas as pd
         import numpy as np
         path = "/Users/qiwsir/Documents/Codes/DataSet"
         def convert_money(value):
             new_value = value.replace(",",""). \
                                    replace("$","")
             return float(new_value)

         df2 = pd.read_csv(
             path + "/sales-data/sales_data_types.csv",
             dtype={'Customer Number': 'int'},
             converters={
                '2016':convert_money,
                '2017':convert_money,
                'Percent Growth':
                lambda x: float(x.replace("%", "")) / 100,
                'Jan Units': lambda x:
                    pd.to_numeric(x, errors='coerce'),
                'Active':lambda x:np.where(x =='Y', 1, 0),
                }
             )
         df2['Date'] = pd.to_datetime(df[['Month',
                                          'Day','Year']])

In [18]: df2.info()
         # 以下是输出内容
         <class 'pandas.core.frame.DataFrame'>
         RangeIndex: 5 entries, 0 to 4
         Data columns (total 11 columns):
         Customer Number    5 non-null int64
         Customer Name      5 non-null object
```

```
2016                      5 non-null float64
2017                      5 non-null float64
Percent Growth            5 non-null float64
Jan Units                 4 non-null float64
Month                     5 non-null int64
Day                       5 non-null int64
Year                      5 non-null int64
Active                    5 non-null object
Date                      5 non-null datetime64[ns]
dtypes: datetime64[ns](1), float64(4), int64(4),
       object(2)
memory usage: 520.0+ bytes
```

因为在现实的项目中所遇到的数据可能比本示例的更复杂，所以数据类型的转化也要根据具体数据特点综合权衡多种技术手段——数据准备和特征工程需要运用各项技术，"艺多不压身"，多掌握一些技术才能游刃有余。

动手练习

1. 1.3 节的 In[9] 已经将在网页上获取的数据保存到 CSV 文件中。用 Pandas 读入该数据集，并完成如下要求。
   - 将 "ID" 列的数据转化为字符串类型。
   - 将 "想看" 列的数据转化为整数类型。

2. "/bra/bra.csv" 数据集如下：

```
    creationTime          productColor    productSize
0   2016-06-08 17:17:00   22 咖啡色          75C
1   2017-04-07 19:34:25   22 咖啡色          80B
2   2016-06-18 19:44:56   02 粉色            80C
3   2017-08-03 20:39:18   22 咖啡色          80B
4   2016-07-06 14:02:08   22 咖啡色          75B
```

按照要求对数据集中的三列数据进行转化。
   - 将 "creationTime" 数据分为两列：一列表示日期，另一列表示时间。
   - 将 "productColor" 数据去掉数字。
   - 将 "productSize" 数据分去掉数字，只保留字母。

扩展探究

1. 在数据清理中，正则表达式是不可缺少的。Python 标准库中的 re 是正则表达式模块（官网：https://docs.python.org/3/library/re.html），建议读者研究此模块的使用方法及常见的正则表达式写法。

2. 本节主要介绍了使用 Pandas 实现数据类型的转化，此外，还可以使用 SQL 语句实现数据类型的转化。建议读者学习研究 SQL 语句，对于由数据库读取的数据，用 SQL 语句实现数据类型的转化。

> **正则表达式**（Regular Expression）描述了一种字符串匹配的模式，可以用来检查一个字符串是否含有某种子串、将匹配的子串替换或者从某个串中取出符合某个条件的子串等。

2.2 处理重复数据

如果数据集中的某个特征下的重复数据比例较高，则会造成该特征标准差降低，如下面的数据。

```
In [1]: import pandas as pd
        d = {'Name':['Newton', 'Galilei', 'Einstein',
                     'Feynman', 'Newton', 'Maxwell',
                     'Galilei'],
             'Age':[26, 30, 28, 28, 26, 39, 40],
             'Score':[90, 80, 90, 100, 90, 70, 90]}
        df = pd.DataFrame(d,columns=['Name','Age','Score'])
        df
Out[1]:
            Name        Age     Score
        0   Newton      26      90
        1   Galilei     30      80
        2   Einstein    28      90
        3   Feynman     28      100
        4   Newton      26      90
        5   Maxwell     39      70
        6   Galilei     40      90
```

用火眼金睛观察，每个特征下的数值都有重复的情况。若以行为单位，也有重复的样本。含有大量重复值的数据集不便于直接应用在数据科学项目中——假想一种极端情况，所有样本都一样，相当于就一条数据了。

对于数据量小的数据集，可以通过观察知晓是否有重复数据，但如果数据量大，再用观察法，不仅成本高，而且效果差。

基础知识

Pandas 的 DataFrame 实例对象有一个名为 duplicated 的方法，用该方法可以检查是否有重复数据。

> 默认以行为单位检查是否有重复数据。

```
In [2]: df.duplicated()
Out[2]:
        0    False
        1    False
        2    False
        3    False
        4     True
        5    False
        6    False
        dtype: bool
```

通过 In[2] 得到了数据集 df 每行是否与其他行数据重复的标记（用布尔值表示）。结合观察的结果是，第 4 行与第 0 行重复，在输出结果中第 4 行标记为 True。

无论是学习还是工程实践，乐于、勤于查看帮助文档，是非常好的习惯，借助文档能够更全面地了解对象的应用——这是本书作者一贯倡导的。

```
In [3]: df.duplicated?
        # 以下是所输出的部分内容
        Signature: df.duplicated(subset=None, keep='first')
        Docstring:
        Return boolean Series denoting duplicate rows,
        optionally only
        considering certain columns
```

> 反复强调和演示查阅帮助文档，说明此项看似简单的操作在开发实践中具有重要作用。

方法 duplicated 有以下两个参数。
- subset：用它可以指明数据子集，即某个特征或者某几个特征。
- keep = 'first'：此参数的含义是，当遇到重复数据时保留哪一个，被保留的数据标记为 False，其他的标记为 True。keep = 'first' 表示保留重复数据中的第一个，这也是默认值，结果如 Out[2] 所示。还可以是 keep = 'last'，表示要保留重复数据中的最后一个。如果 keep = False，则意味着将所有的重复数据都标记为 True。

```
In [4]: df.duplicated('Age', keep='last')
Out[4]:
        0    True
        1    False
        2    True
        3    False
        4    False
        5    False
        6    False
        dtype: bool
```

In[4] 专门检查数据集 df 的特征 "Age" 中是否有重复数据，并且用 keep = 'last' 的方式声明保留最后一个数据。在显示结果中，第 0 行和第 2 行标记为 True，与之对应的重复数据第 4 行和第 3 行标记为 False——注意是特征 "Age"。

```
In [5]: df.duplicated(['Age', 'Score'])
Out[5]:
        0    False
        1    False
        2    False
        3    False
        4    True
        5    False
        6    False
        dtype: bool
```

> 对照 Out[1] 理解 In[5] 的操作及输出结果。

如果要检查由多个特征组成的子集，可以用如 In[5] 所示的方式实现。

面对重复数据，只有两个选择：删除或者保留。选择哪一个要视实际情况而定。假如数据量足够大且重复率不很高，删除重复的数据就是一个可选项。

```
In [6]: df.drop_duplicates()
Out[6]:
          Name       Age     Score
   0      Newton     26      90
   1      Galilei    30      80
   2      Einstein   28      90
   3      Feynman    28      100
   5      Maxwell    39      70
   6      Galilei    40      90
```

删除方法 drop_duplicates 是 DataFrame 实例对象的方法，其参数与 duplicated 方法类似。

```
In [7]: df.drop_duplicates('Age', keep='last')
Out[7]:
          Name       Age     Score
   1      Galilei    30      80
   3      Feynman    28      100
   4      Newton     26      90
   5      Maxwell    39      70
   6      Galilei    40      90
```

在 drop_duplicates 方法的参数中，比 duplicated 方法多了"inplace=False"，此参数的效果是确认是否修改当前数据集对象。默认不修改（"inplace=False"），会生成一个删除了重复数据之后的新数据集；如果"inplace=True"，则会修改当前数据集。

提醒读者注意，在执行删除操作之前一定要三思，通常获得数据都不是一件很容易的事情。

项 目 案 例

1. 项目描述

用方法 duplicated 能够标记出重复数据的记录，但要发现哪一行是重复的，还是要用火眼金睛观察法寻找。如果数据集样本数量较大，通过该观察法难以确认，如何能了解重复数据的情况？

2. 实现过程

继续使用 In[1] 所创建的数据集，演示解决本案例中问题的方法。
方法 1：计算数据重复率。

```
In [8]: df[df.duplicated()].count() / df.count()
Out[8]:
```

```
Name     0.142857
Age      0.142857
Score    0.142857
dtype: float64
```

In[8] 计算的是数据集 df 中重复样本（样本的所有特征数值都一样）占所有样本的比例。DataFrame 对象的 count 方法返回非空值的数量，其完整形式为：

```
df.count(axis=0, level=None, numeric_only=False)
```

方法 2：判断是否有重复数据。

```
In[9]: df.duplicated().any()
Out[9]: True
```

In[9] 是一种比较笼统的判断方式，返回 True，说明数据集 df 中有重复记录。

动手练习

在 1.1.2 节的 In[12] 中，曾经读取了 CPI 的有关数据。现在继续使用此数据，以列为单位检查每列是否有重复数据；如果有，重复比例有多高？

扩展探究

除了使用 Pandas 发现重复数据，还可以通过 SQL 语句发现数据库表中是否有重复数据，例如：

```sql
SELECT username, email, COUNT(*)
FROM users
GROUP BY username, email
HAVING COUNT(*) > 1
```

建议读者在本地创建有重复数据的数据库表，并用类似上面的方式查找重复记录。如将所有重复的记录都列出来，参考如下语句：

```sql
SELECT a.*
FROM users a
JOIN (SELECT username, email, COUNT(*)
FROM users
GROUP BY username, email
HAVING count(*) > 1 ) b
ON a.username = b.username
AND a.email = b.email
ORDER BY a.email
```

2.3 处理缺失数据

出于各种原因，现实的数据总会有缺失现象，这似乎是很难避免的，其中有主观原因，也有客观原因。遇到这种情况，首先要考虑是否有必要对其进行处理？在有些情况下，缺失值对项目影响不大，如某些机器学习算法在数据量足够的条件下对缺失数据不敏感。

如果需要对缺失数据进行处理，应该怎么做？

2.3.1 检查缺失数据

检查缺失值的最直接方法是人工观察手段，这对小数据或许有效，而对大数据就需要运用编程技术了。

> **基础知识**

> 在 Python 语言中，一切皆是对象。OOP（Object Oriented Programming，面向对象程序设计）是现在普遍采用的编程范式。

Python 中有一个特殊对象 None，它可以用来表示"缺失""没有"等对象——Python 中的"没有"也是对象。

```
In [1]: def foo(): pass
        f = foo()
        print(f)
        # 以下为输出显示
        None
```

通常的函数中用 return 语句返回具体的对象，而在 In[1] 中定义的函数 foo 没有此语句，Python 会默认为返回了 None。

```
In [2]: type(f)
Out[2]: NoneType
```

None 是 Python 中的对象，是与整数、浮点数、字符串等并列的，它不能与数字进行计算。

```
In [3]: None + 2
        # 以下为输出显示
        TypeError                                 Traceback (most recent call last)
        <ipython-input-64-fdc93d486f4a> in <module>
        ----> 1 None + 2

        TypeError: unsupported operand type(s) for +: 'NoneType' and 'int'
```

> 注意区分："空""空格"和"缺失"三种对象。

如果数据集中用 None 表示"缺失"和"没有"的数据，对于计算过程是不友好的。Numpy 专门为此提供了解决方案。

```
In [4]: import numpy as np
        np.nan + 2
Out[4]: nan
```

在 Numpy 中，提供了一种表示"缺失"数据的对象：np.nan 或者 np.NaN。它可以与数字进行运算，因为它本身就是浮点数类型。

> None、np.nan、np.NaN 在 Pandas 中都被改写成 NaN。

```
In [5]: type(np.nan)
Out[5]: float
```

因此，数据集中的缺失值如果这样表示，就不影响计算过程了。

```
In [6]: import pandas as pd
        s = pd.Series([1, 2, None, np.nan])    # ①
        s
Out[6]:
        0    1.0
        1    2.0
        2    NaN
        3    NaN
        dtype: float64
```

In[6] 的①创建 Series 类型的对象，参数中有 None 和 np.nan，毫无疑问 np.nan 表示的缺失值，并且是浮点数。这里的 None，如前所言，是一个不能参与计算的对象。但是，Pandas 会自动进行推断，将 None 自动转化为 NaN。如 Out[6] 所显示的那样，都标记为 NaN，即缺失值在数据集中，以浮点数类型的对象 NaN 标记。

```
In [7]: s.sum()
Out[7]: 3.0
```

NaN 不参与计算。

In[7] 执行结果说明，虽然 s 中有缺失值，但也不影响计算过程。

既然在通常业务中不能避免缺失值，那么如何知道数据集中是否有缺失值呢？首先，这样的观点被很多人认可："越熟悉具体业务，越擅长检查缺失值，越能确认如何处理缺失值。"因此，1.0 节中倡导"理解商业问题"，在这里就显示出其作用了。

有没有类似检查重复数据那样的函数来检查缺失值呢？

```
In [9]: s.isna()
Out[9]:
        0    False
        1    False
        2    True
        3    True
        dtype: bool
```

方法 isna 也可以用 DataFrame 类型的对象调用。

```
In [10]: df = pd.DataFrame({"one":[1, 2, np.nan],
                           "two":[np.nan, 3, 4]})
         df.isna()
Out[10]:
            one      two
         0  False    True
         1  False    False
         2  True     False
```

项目案例

1. 项目描述

读取数据集 "/kaggle/Hitters.csv"，检查其中是否有缺失数据，并将缺失值所在记录删除。

2. 实现过程

> 判断特征中是否含有缺失值，如果有，则标记为True。

```
In [11]: path = "/Users/qiwsir/Documents/Codes/DataSet"
         csv_file = "/kaggle/Hitters.csv"
         hitters = pd.read_csv(path + csv_file)
         hitters.isna().any()
Out[11]: AtBat       False
         Hits        False
         HmRun       False
         Runs        False
         RBI         False
         Walks       False
         Years       False
         CAtBat      False
         CHits       False
         CHmRun      False
         CRuns       False
         CRBI        False
         CWalks      False
         League      False
         Division    False
         PutOuts     False
         Assists     False
         Errors      False
         Salary       True
         NewLeague   False
         dtype: bool
```

结果显示，特征"Salary"有缺失值。还可以计算缺失率。

> hitters.shape[0] 为数据集样本数量；hitters.count() 返回每个特征中非缺失值的数量。

```
In [12]: (hitters.shape[0] -hitters.count())
                            / hitters.shape[0]
Out[12]: AtBat       0.00000
         Hits        0.00000
         HmRun       0.00000
         Runs        0.00000
         RBI         0.00000
         Walks       0.00000
         Years       0.00000
         CAtBat      0.00000
         CHits       0.00000
         CHmRun      0.00000
         CRuns       0.00000
         CRBI        0.00000
         CWalks      0.00000
         League      0.00000
         Division    0.00000
         PutOuts     0.00000
         Assists     0.00000
```

```
             Errors        0.00000
             Salary        0.18323
             NewLeague     0.00000
             dtype: float64
```

In[12] 计算的是数据集中每个特征（列）的缺失率。在此适当延伸，也可以计算每行的缺失率。因为 In[11] 读入的数据记录太多，所以改用 In[10] 创建的 DataFrame 对象，以便于读者观察。

```
In [13]: (df.shape[1] - df.T.count()) / df.shape[1]
         # 每行的缺失率
Out[13]: 0    0.5
         1    0.0
         2    0.5
         dtype: float64
```

> df.T 将原数据集转置，即"行"与"列"转换，df.T.count() 返回的是原数据集的每行中非缺失值的数量。

最简单的处理缺失数据的方法就是"不处理"，因为有的机器学习模型对缺失数据不敏感。排除这种情况，有作为的方式中最简单的就是本项目案例所要求的——删除。

```
In [14]: df.dropna()
Out[14]:
            one   two
         1  2.0   3.0
```

使用 DataFrame 实例的方法 dropna 实现对缺失数据的删除。In[14] 删除了所有含缺失值的行。下面是 dropna 方法的参数列表：

```
df.dropna(axis=0, how='any', thresh=None, subset=None,
 inplace=False)
```

主要参数的含义如下。
- axis：默认值是 0，也可以是字符串 'index'，表示要删除 0 轴方向上含有缺失值的单元，即删除行。如果 axis = 1 或者 axis = 'columns'，则将删除列。
- how：默认为 'any'，表示行或列中只要有缺失值，则删除该行或列；如果为 'all'，则要求都是缺失值时才删除。
- thresh：非缺失值的阈值，用整数表示。

```
In [15]: # 重新构建一个含有缺失值的DataFrame对象
         df = pd.concat([df,
                         pd.DataFrame({"one": [np.nan],
                                       "two": [np.nan],
                                       "three": [np.nan]})],
                         ignore_index=True,
                         sort=False)
         df
Out[15]:
```

> pd.concat 的参数中的 df 为 In[10] 所创建的 DataFrame 对象。

```
              one    two   three
         0    1.0    NaN   NaN
         1    2.0    3.0   NaN
         2    NaN    4.0   NaN
         3    NaN    NaN   NaN

In [16]: df.dropna(axis=0, how='all')    # how 声明删除条件
Out[16]:
              one    two   three
         0    1.0    NaN   NaN
         1    2.0    3.0   NaN
         2    NaN    4.0   NaN
In [17]: df.dropna(thresh=2)    # 非缺失值小于 2 的删除
Out[17]:
              one    two   three
         1    2.0    3.0   NaN
```

> 默认 inplace=False，不修改原数据，返回新对象。

熟悉了以上操作，再对 In[11] 读入的 hitters 进行删除缺失值记录的操作。

```
In [18]: hitters_nona = hitters.dropna()
         hitters_nona.isna().any()
Out[18]: AtBat        False
         Hits         False
         HmRun        False
         Runs         False
         RBI          False
         Walks        False
         Years        False
         CAtBat       False
         CHits        False
         CHmRun       False
         CRuns        False
         CRBI         False
         CWalks       False
         League       False
         Division     False
         PutOuts      False
         Assists      False
         Errors       False
         Salary       False
         NewLeague    False
         dtype: bool
```

> 特征"Salary"中不再含有缺失值，标记为 False。

```
In [19]: hitters_nona.info()
         # 以下是输出内容
         <class 'pandas.core.frame.DataFrame'>
         Int64Index: 263 entries, 1 to 321
         Data columns (total 20 columns):
         AtBat        263 non-null int64
         Hits         263 non-null int64
```

```
HmRun        263 non-null int64
Runs         263 non-null int64
RBI          263 non-null int64
Walks        263 non-null int64
Years        263 non-null int64
CAtBat       263 non-null int64
CHits        263 non-null int64
CHmRun       263 non-null int64
CRuns        263 non-null int64
CRBI         263 non-null int64
CWalks       263 non-null int64
League       263 non-null object
Division     263 non-null object
PutOuts      263 non-null int64
Assists      263 non-null int64
Errors       263 non-null int64
Salary       263 non-null float64
NewLeague    263 non-null object
dtypes: float64(1), int64(16), object(3)
memory usage: 43.1+ KB
```

删除的操作虽然简单，但是要谨慎实施。理由同 2.2 节删除重复数据的理由。

除删除外，对于缺失数据，还可以填补。

动手练习

检查"/elemanets/elements.csv"是否有缺失值，计算各特征缺失值的比例，然后将缺失值所在记录删除。

扩展探究

本节介绍了 Pandas 中对缺失值的表示，而在数据库表中或者保存数据的文件中，还可能会因为出现"null""空""空格"等导致了缺失值。建议读者就此进行如下探究：
- 理解"null""空""空格"所表示的含义。
- 如何用 SQL 语句，检查数据库表的记录中是否存在缺失值。
- 如何用 SQL 语句，将缺失值所在记录删除。

2.3.2 用指定值填补

既然数据集中有缺失值，那么把缺的数据填补上，不就解决问题了吗？

这是非常简单的思路。但是怎么填补？假如在某次考试之后，有几个同学的成绩缺失了，在没有看到原始试卷的情况下，怎么填补？

最直接、最简单的方法就是人工修改。当然，这不是本书重点讲述的内容，虽然它可能是实际业务中不可缺少的。

基础知识

> 特别声明：此处英语系女生数量远多于男生的假设，为作者杜撰，若有雷同，纯属巧合。

某些数据集中，可以用指定数值填补。比如记录英语系某个班级学生性别的数据，如果有缺失数据，就可以根据一般英语系学生性别分布特点，用整数 0 填充（通常 0 表示女，1 表示男）——这个决策的前提是假设英语系女生数量远多于男生。

```
In [20]: df = pd.DataFrame({"one":[10, 11, 12],
                            'two':[np.nan, 21, 22],
                            "three":[30, np.nan, 33]})
         df
Out[20]:
            one    two    three
         0  10     NaN    30.0
         1  11     21.0   NaN
         2  12     22.0   33.0
```

用某个指定数值填补 In[20] 所创建数据集中的缺失值，可以使用 DataFrame 实例对象的 fillna 方法。

> 比较 Out[20] 和 Out[21] 的差异。

```
In [21]: df.fillna(0)
Out[21]:
            one    two    three
         0  10     0.0    30.0
         1  11     21.0   0.0
         2  12     22.0   33.0
```

In[21] 实现了用指定的整数 0 填补数据集中的缺失值。

通过帮助文档，可以看到 fillna 方法的完整参数：

```
df.fillna(value=None, method=None, axis=None, inplace=False,
limit=None, downcast=None, **kwargs)
```

此处不一一解释，读者可自行阅读帮助文档。

填补缺失值所用的"指定数值"，除了用参数 value 设置，还可以通过参数 method 指定的填补规则产生。

```
In [22]: df = pd.DataFrame({'ColA':[1, np.nan, np.nan, 4,
                                    5, 6, 7],
                            'ColB':[1, 1, 1, 1, 2, 2, 2]})
         df['ColA'].fillna(method='ffill')
Out[22]: 0    1.0
         1    1.0
         2    1.0
         3    4.0
         4    5.0
         5    6.0
         6    7.0
```

```
           Name: ColA, dtype: float64
```

method='ffill'，表示用当前缺失值前面的值填补；method = 'bfill'，表示用当前缺失值后面的值填补。

```
In [23]: df['ColA'].fillna(method='bfill')
Out[23]: 0    1.0
         1    4.0
         2    4.0
         3    4.0
         4    5.0
         5    6.0
         6    7.0
         Name: ColA, dtype: float64
```

项目案例

1. 项目描述

读取数据集"/body-information/500_Person_Gender_Height_ Weight_Index.csv"，并完成如下操作：

- 随机抽取 20 个样本。
- 将特征"Height"中能被 5 整除的值设置为缺失。
- 用适当的指定数值填补缺失值。
- 检验填补后的效果。

2. 实现过程

（1）读取数据，并随机抽样，制作缺失值。

```
In [24]: path = "/Users/qiwsir/Documents/Codes/DataSet"
         f = "/body-information
              /500_Person_Gender_Height_Weight_Index.csv"
         persons = pd.read_csv(path + f)
         pdf = persons.sample(20)       # ①
         pdf['Height-na'] = np.where(
                            pdf['Height'] % 5 == 0,
                            np.nan,
                            pdf['Height'])    # ②
         pdf
Out[24]:
              Gender    Height    Weight    Index    Height-na
         232  Female    184       86        3        184.0
         86   Female    175       141       5        NaN
         435  Male      168       158       5        168.0
         406  Male      186       68        2        186.0
         212  Female    153       146       5        153.0
         447  Female    176       121       4        176.0
         126  Male      194       115       4        194.0
         443  Male      152       146       5        152.0
```

用 np.where 函数将特征"Height"中能被 5 整除的值设置为 np.nan，即缺失值。

```
            472     Female      178      65       2      178.0
            467     Male        145     142       5      NaN
            487     Male        187      80       2      187.0
             51     Female      176      54       1      176.0
            392     Female      183      76       2      183.0
            134     Female      171     155       5      171.0
            144     Male        140      79       5      NaN
            102     Male        161     155       5      161.0
              6     Male        147      92       5      147.0
              3     Female      195     104       3      NaN
            282     Female      147      94       5      147.0
            459     Female      184     147       5      184.0
```

In[24] 的①实现了对原数据集的抽样。②是在数据集 pdf 中制造了一些缺失值，这里使用了 np.where 函数。

（2）用平均值填补缺失数据。

从 Out[24] 的结果可以看到，已经得到了有缺失值的数据。那么，此处缺失值如何填补？根据统计学知识，人类的身高数值可以认为符合正态分布规律，所以可以用平均值来填补"Height"特征的缺失数据。

> 根据数据分布规律，确定填补缺失值的方法。

```
In [25]: pdf['Height-na'].fillna(pdf['Height-na'].mean(),
                                 inplace=True)
         pdf
Out[25]:
                 Gender    Height    Weight    Index    Height-na
            232  Female      184       86        3      184.0000
             86  Female      175      141        5      171.6875
            435  Male        168      158        5      168.0000
            406  Male        186       68        2      186.0000
            212  Female      153      146        5      153.0000
            447  Female      176      121        4      176.0000
            126  Male        194      115        4      194.0000
            443  Male        152      146        5      152.0000
            472  Female      178       65        2      178.0000
            467  Male        145      142        5      171.6875
            487  Male        187       80        2      187.0000
             51  Female      176       54        1      176.0000
            392  Female      183       76        2      183.0000
            134  Female      171      155        5      171.0000
            144  Male        140       79        5      171.6875
            102  Male        161      155        5      161.0000
              6  Male        147       92        5      147.0000
              3  Female      195      104        3      171.6875
            282  Female      147       94        5      147.0000
            459  Female      184      147        5      184.0000
```

在 Out[25] 输出的结果中，特征"Height"为原数据，特征"Height-na"下原来有缺失值，现在看到的是填补之后的数据，再用统计的方式对这两个特征的数据进行比较。

（3）评估填补效果。

```
In [26]: pdf['Height'].describe()
Out[26]: count     20.000000
         mean     170.100000
         std       17.396007
         min      140.000000
         25%      152.750000
         50%      175.500000
         75%      184.000000
         max      195.000000
         Name: Height, dtype: float64

In [27]: pdf['Height-na'].describe()
Out[27]: count     20.000000
         mean     171.687500
         std       13.629375
         min      147.000000
         25%      166.250000
         50%      171.687500
         75%      183.250000
         max      194.000000
         Name: Height-na, dtype: float64
```

> describe方法常用于计算常规统计数据。

比较 Out[26] 和 Out[27]，从统计的角度来看，用平均值填补身高数据中的缺失值，是可行的——当然是在某个主观设定的误差范围之内。

除了可以使用平均值，还可以使用中位数、众数等填补缺失值。决定用什么值填补缺失数据，需要开发者熟悉业务特点、对数据有全面了解。

> 读者还可以利用数据可视化技术检验填补缺失值前后的数据分布情况，参考2.3.3节的In[37]代码。

动手练习

将本节 In[24] 中所得到的含有缺失值的数据集，分别用中位数、众数进行填补，并评估填补效果。

扩展探究

处理缺失数据，是数据类项目中经常要执行的操作，在著名的机器学习库 scikit-learn 中专门为此提供了名为 SimpleImputer 的模块。

scikit-learn 是一个简单、实用、集成多种机器学习算法的库，其官方网站：https://scikit-learn.org/。首先要安装它，其基本安装方法如下：

> 在后续内容中，会经常用到 scikit-learn，务必在本地安装它。

```
$ pip install sklearn
```

其他安装方法可以参考其官网介绍。

下面演示如何使用 SimpleImputer 完成缺失值填充。

```
In [28]: pdf2 = persons.sample(20)
         pdf2['Height-na'] = np.where(
```

```
                            pdf2['Height'] % 5 == 0,
                            np.nan,
                            pdf2['Height'])

          from sklearn.impute import SimpleImputer
          imp_mean = SimpleImputer(missing_values=np.nan,
                            strategy='mean')     # ③
          col_values =
            imp_mean.fit_transform(
              pdf2['Height-na'].values.reshape((-1, 1)))  # ④
          col_values
Out[28]: array([[176.   ],
                [186.   ],
                [171.75],
                [153.   ],
                [168.   ],
                [177.   ],
                [156.   ],
                [172.   ],
                [169.   ],
                [152.   ],
                [183.   ],
                [174.   ],
                [179.   ],
                [169.   ],
                [171.75],
                [191.   ],
                [161.   ],
                [171.75],
                [182.   ],
                [171.75]])
```

语句 ④ 的参数中，利用数组的 reshape 方法对数组进行变形：1 轴有一个元素，即只有一列；0 轴上用 -1 表示该轴元素由 Numpy 自行推断设置。

从 sklearn.impute 中引入 SimpleImputer 模块，③创建模型实例——此处是填补模型，然后使用此实例的 fit_transform 方法，完成填补缺失值的操作——其实 fit_transform 方法合并了 fit 和 transform 两个方法。

③是使用 SimpleImputer 的关键，要了解它的参数及其含义：

- `SimpleImputer(missing_values=nan, strategy='mean', fill_value=None, verbose=0, copy=True)`
  - missing_values：声明缺失值的标记。默认为值是 nan，在③中设置为 np.nan，都是指 DataFrame 中用 NaN 表示的缺失值。此外，missing_values 的值也可以是字符串、数字或者 None——认定这类对象是缺失值。这样，就比前面使用的 fillna 方法能做更多的事情了。

```
In [29]: df = pd.DataFrame({"name": ["Google", "Huawei",
                            "Facebook","Alibaba"],
                    "price": [100, -1, -1, 90]
                    })
         df
```

```
Out[29]:
        name       price
    0   Google     100
    1   Huawei     -1
    2   Facebook   -1
    3   Alibaba    90
```

在实际业务中，可能会用不正常的数据表示"缺失"，比如 Out[29] 显示的"price"特征中的数据应该都是大于零的数，但是其中有的值是 -1，用它表示该处为"缺失"值。遇到这种情况，非要将"-1"替换为"NaN"也未尝不可，但如果使用 SimpleImputer，就不必这么麻烦了。

```
In [30]: imp = SimpleImputer(missing_values=-1,
                             strategy='constant',
                             fill_value=110)    # ⑤
         imp.fit_transform(
                 df['price'].values.reshape((-1, 1)))
Out[30]: array([[100],
                [110],
                [110],
                [ 90]])
```

> df['price'].values.reshape((-1, 1)) 也可以写成 df[['price']]。

⑤中用 missing_values=-1 声明此处的所创建的填补模型将整数"-1"视为缺失值。并且使用参数 fill_value 指定了填补数值，这个参数生效的前提是参数 strategy 的值为 'constant'。

- strategy：可选值为以下字符串。
  - "mean"：也是默认值，表示用该特征下非缺失数据的平均值填补缺失数据。
  - "median"：表示用该特征下非缺失数据的中位数填补缺失数据。
  - "most_frequent"：表示用该特征下非缺失数据的众数填补缺失数据。
  - "constant"：用参数 fill_value 指定的数值填补缺失数据。

其他参数易于理解，此处不赘述。

2.3.3 根据规律填补

用指定数值填补缺失数据，因为所有填补的数值都是一样的，这样做会导致数据标准差降低，对模型的泛化能力有一定影响。如果能发现特征中所有数据的规律，比如都是偶数或者符合某个线性关系等，就不会因为用指定数值填补而使标准差降低了——可能带来另外的问题。

> 例如根据线性回归规律填补后，用该数据训练的模型有过拟合的可能。

基础知识

创建一个 DataFrame 类型数据对象。

```
In [31]: df = pd.DataFrame({
             "one":np.random.randint(1, 100, 10),
             "two": [2, 4, 6, 8, 10, 12, 14, 16, 18, 20],
```

> 在第 4 章会看到，"three" 和 "two" 两个具有强相关的特征，在数据集中只能存在 1 个。

```
              "three":[5,9,13,np.nan,21,np.nan,29,33 37,41]
              })
          df
Out[31]:
              one       two       three
         0    5         2         5.0
         1    72        4         9.0
         2    60        6         13.0
         3    58        8         NaN
         4    64        10        21.0
         5    31        12        NaN
         6    37        14        29.0
         7    60        16        33.0
         8    56        18        37.0
         9    60        20        41.0
```

仔细观察 Out[31] 的数据特点，特征 "three" 的缺失值不适合用某一个指定值填补，特征 "three" 和 "two" 之间具有明显的关系（three = two * 2 + 1），既然如此，就可以依据规律来填补，所以那两个缺失值分别用 17、25 填补，这样才能天衣无缝。

对简单的数据可以凭观察找到规律。对于复杂的数据可用机器学习模型来解决。

> LinearRegression 是 scikit-learn 中的线性回归类，其使用方法与 Python 中普通的类使用方法一样。

```
In [32]: from sklearn.linear_model
                   import LinearRegression    # ⑥

         df_train = df.dropna()      # 训练集
         df_test = df[df['three'].isnull()]     # 测试集

         regr = LinearRegression()
         regr.fit(df_train['two'].values.reshape(-1, 1),
                 df_train['three'].values.reshape(-1,1))# ⑦
         df_three_pred = regr.predict(
                 df_test['two'].values.reshape(-1, 1))# ⑧

         # 将所得数值填补到原数据集中
         df.loc[(df.three.isnull()), 'three'] =
                                       df_three_pred
         df
Out[32]:
              one       two       three
         0    5.0       2.0       5.0
         1    72.0      4.0       9.0
         2    60.0      6.0       13.0
         3    58.0      8.0       17.0
         4    64.0      10.0      21.0
         5    31.0      12.0      25.0
         6    37.0      14.0      29.0
         7    60.0      16.0      33.0
         8    56.0      18.0      37.0
```

```
            9      60.0      20.0    41.0
```

In[32] 演示了使用线性回归模型填充缺失值的过程。

⑥从 scikit-learn 中引入线性回归模型 LinearRegression。我们可以将此处的缺失值填补问题转化为预测问题，将特征"three"视为每个样本的标签，缺失值就是要预测的值。为此，将原数据集划分为训练集和测试集两部分，其中训练集由没有缺失数据的样本组成，用它们训练出一个线性回归模型（如⑦所示）；测试集由含缺失值的样本组成。如⑧所示，用已经训练好的线性回归模型预测缺失值。

项目案例

1. 项目描述

读取数据"kaggle/train.csv"，找到有缺失数据的特征，并对缺失数据进行填充。

2. 实现过程

```
In [33]: path = "/Users/qiwsir/Documents/Codes/DataSet"
         f = "/kaggle/train.csv"
         train_data = pd.read_csv(path + f)
         train_data.info()      # ⑨
# 以下为输出内容
<class 'pandas.core.frame.DataFrame'>
RangeIndex: 891 entries, 0 to 890
Data columns (total 12 columns):
PassengerId     891 non-null int64
Survived        891 non-null int64
Pclass          891 non-null int64
Name            891 non-null object
Sex             891 non-null object
Age             714 non-null float64
SibSp           891 non-null int64
Parch           891 non-null int64
Ticket          891 non-null object
Fare            891 non-null float64
Cabin           204 non-null object
Embarked        889 non-null object
dtypes: float64(2), int64(5), object(5)
memory usage: 83.6+ KB
```

> 还可以通过 train_data.describe() 了解各个特征的统计结果。

In[33] 的⑨显示了数据集的基本信息，从中不难看到，有一些特征存在缺失值，比如"Age"的计数为714，但数据集索引总数为891（样本总数），其间的差距就说明此特征下含有缺失值。

```
In [34]: train_data.isna().any()
Out[34]: PassengerId       False
         Survived          False
```

```
Pclass         False
Name           False
Sex            False
Age             True
SibSp          False
Parch          False
Ticket         False
Fare           False
Cabin           True
Embarked        True
dtype: bool
```

从 Out[34] 的输出中可以看出，有几个特征下有缺失值。下面研究 "Age" 特征的缺失值如何填补。能不能用某个指定值？比如平均值等。此想法待后续验证，先研究如何用机器学习模型填补缺失值。

如果将 "Age" 作为样本标签，那么利用哪些特征可以预测它的值呢？此处主观地选择 Fare（船票价格）、Parch（父母孩子在船上的数量）、SibSp（兄弟姐妹或配偶在船上的数量）、Pclass（客舱等级）几个特征作为自变量。

> 经验，是在对商业问题有深刻理解的基础上的总结。

```
In [35]: # 可能跟年龄有关的特征
         df = train_data[['Age','Fare', 'Parch',
                         'SibSp', 'Pclass']]
         known_age = df[df['Age'].notnull()].values
         unknown_age = df[df['Age'].isnull()].values

         y = known_age[:, 0]
         X = known_age[:, 1:]

         from sklearn.ensemble
             import RandomForestRegressor      # ⑩
         rfr = RandomForestRegressor(random_state=0,
                                    n_estimators=2000,
                                    n_jobs=-1)    # ⑪
         rfr.fit(X, y)          # ⑫

         pred_age = rfr.predict(unknown_age[:, 1:])    # ⑬
         pred_age.mean()
Out[35]: 29.438010170664793
```

⑩引入了随机森林回归模型，准备用它预测缺失值。⑪创建随机森林回归模型实例。⑫用已知数据进行训练。⑬对含有缺失值的样本进行预测，并用预测结果填充缺失数据，如 In[36] 所示。

```
In [36]: train_data.loc[(train_data.Age.isnull()),
                       'Age'] = pred_age
         train_data.isna().any()
Out[36]: PassengerId    False
         Survived       False
         Pclass         False
```

```
Name           False
Sex            False
Age            False
SibSp          False
Parch          False
Ticket         False
Fare           False
Cabin          True
Embarked       True
dtype: bool
```

如此，就将特征"Age"中的缺失数据填补了。为了直观地查看填补之后对原有数据分布是否造成太大影响，分别对填补前后的数据绘制直方图。

```
In [37]: %matplotlib inline
         import seaborn as sns
         sns.distplot(y)          # 填补前数据分布
Out[37]: <matplotlib.axes._subplots.AxesSubplot at 0x11c0e8160>
```

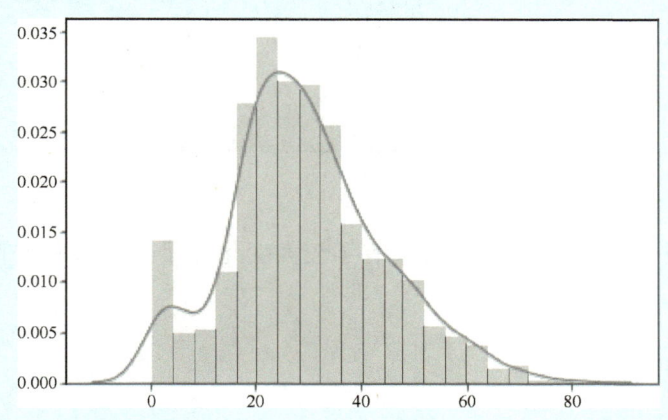

> seaborn 是基于 Matplotlib 的数据可视化工具。详细使用方法参考《跟老齐学Python：数据分析》。

```
In [38]: sns.distplot(train_data['Age'])    # 填补后数据分布
Out[38]: <matplotlib.axes._subplots.AxesSubplot at 0x11c13bcf8>
```

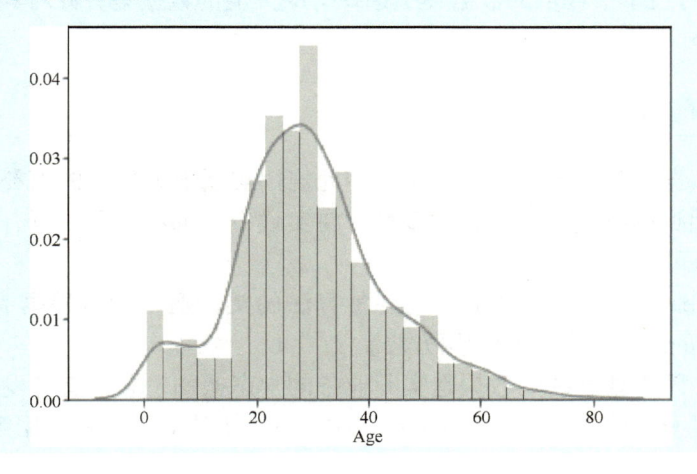

In[37]、In[38] 分别绘制了填补数据前后"Age"数据分布的情况,可以说没有太大的变化,这说明所填补的数据是合乎原数据分布特点的。

如果用平均值填充,会是什么结果呢?可以尝试一下,也用图展示。

```
In [39]: df_mean = df['Age'].fillna(df['Age'].mean())
         sns.distplot(df_mean)
Out[39]: <matplotlib.axes._subplots.AxesSubplot at 0x11c4a1c88>
```

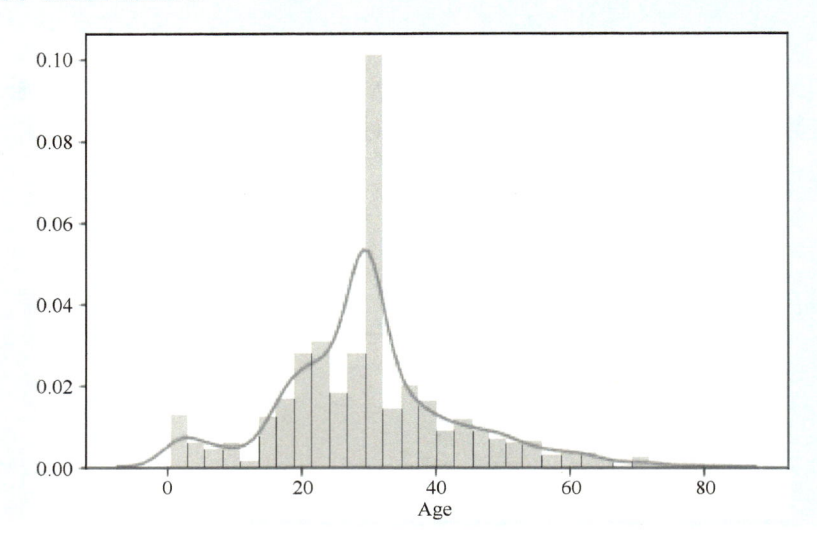

显然这样填补之后,数据分布有了较大变化。那么,用平均值填补就不是好的选择了。

> 泰坦尼克号(RMS Titanic)是当时世界上体积最庞大、内部设施最豪华的客运轮船,有"永不沉没"的美誉。然而不幸的是,泰坦尼克号在其处女航中遭遇厄运。1912年4月14日23时40分左右,泰坦尼克号与一座冰山相撞,船体断裂成两截后沉入大西洋底3700m处。2224名船员及乘客中,1500多人丧生,其中仅333具罹难者遗体被寻回。

动手练习

1. 使用其他机器学习模型,填补"项目案例"中的泰坦尼克号数据集中某些特征的缺失数据。
2. 自行在本书提供的数据集中选择有缺失值的数据集,并对其中的缺失值进行填补。

扩展探究

寻找数据中存在的规律,然后利用此规律实现缺失数据的填补,需要根据非缺失数据的特点选择合适的模型。在实践中,机器学习中所有的有监督学习模型都可以备选。

scikit-learn 中为此提供了实现各种算法的类,建议读者根据有关资料,熟悉 scikit-learn 中各算法的使用方法。

此外,因为处理缺失数据是实际业务的常态操作,总会有开发者开发出专门工具供我们使用,比如 missingpy 就是一款填补缺失值的专用第三方包,其网址为 https://github.com/epsilon-machine/missingpy，可以用 pip 命令安装它。下面以 KNN 为例，演示其使用过程。

```
In [40]: from sklearn.datasets import load_iris
         import numpy as np

         iris = load_iris()
         X = iris.data
         # 制造含有缺失值的数据集
         rng = np.random.RandomState(0)
         X_missing = X.copy()
         mask = np.abs(
             X[:, 2] - rng.normal(loc=5.5,
                                  scale=0.7,
                                  size=X.shape[0])
                 ) < 0.6
         # X_missing 是包含了缺失值的数据集
         X_missing[mask, 3] = np.nan

         from missingpy import KNNImputer
         imputer = KNNImputer(n_neighbors=3,
                              weights="uniform")
         X_imputed = imputer.fit_transform(X_missing)
```

> KNN（K-Nearest Neighbor）classification 又称为 K 最近邻分类算法，是机器学习中的一种算法。

In[40] 中以著名的鸢尾花数据集为例，演示了使用 missingpy.KNNImputer 填补缺失值的过程。下面以可视化方式直观地比较填补效果。

```
In [41]: sns.distplot(X.reshape((-1, 1)))    # 原始数据分布
Out[41]: <matplotlib.axes._subplots.AxesSubplot
         at 0x11d1e7668>
```

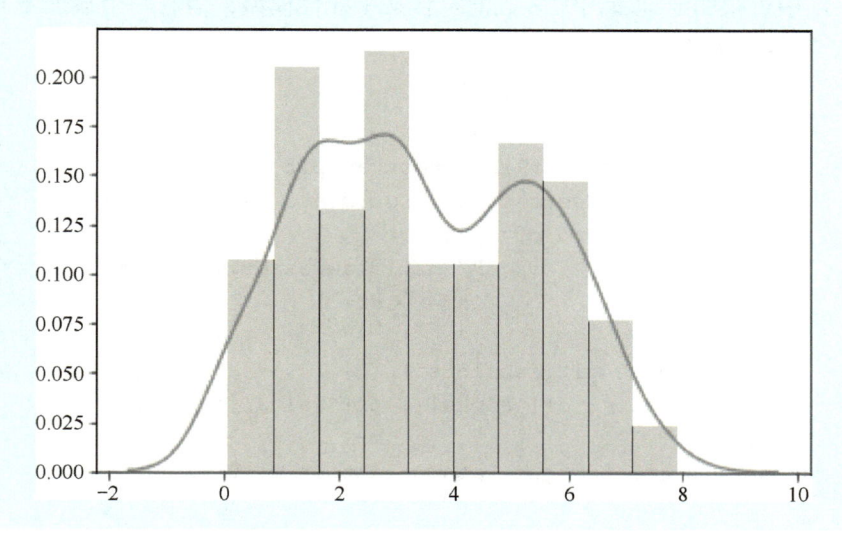

> load_iris() 返回的是鸢尾花数据集。此数据集由 Fisher 在 1936 年收集整理。该数据集共有 3 个标签（Setosa、Versicolour、Virginica）、4 个特征（花萼长度、花萼宽度、花瓣长度、花瓣宽度）、150 个样本。

```
In [42]: # 填补缺失数据后的分布
         sns.distplot(X_imputed.reshape((-1, 1)))
Out[42]: <matplotlib.axes._subplots.AxesSubplot
at 0x108c962b0>
```

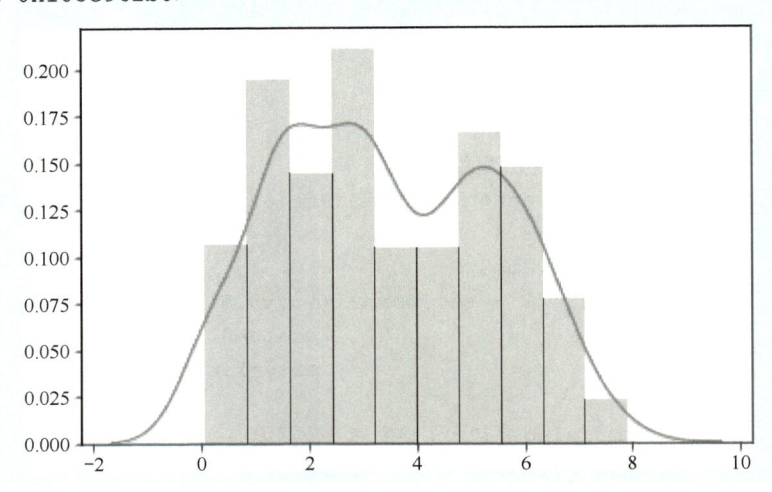

Out[41] 输出的是没有缺失值的数据分布,Out[42] 输出的是填补了缺失值之后的结果,比较一番,是否满意?

填补缺失值的方法不少,但还是要强调,在面临具体问题的时候,需要在具体分析数据特点和业务特点后再确定实施方案。

2.4 处理离群数据

所谓离群数据(离群值、离群点),是指少量数据显著不同于其他数据。在 In[1] 中可很明显地看出大多数值符合某个线性模型,但有一个显著不同的数据,它被称为离群数据。

```
In [1]: %matplotlib inline
        import pandas as pd
        import matplotlib.pyplot as plt
        path = "/Users/qiwsir/Documents/Codes/DataSet"
        df = pd.read_csv(path + 
                        "/Snell_law/experiment.csv",
                        index_col=0)

        fig, ax = plt.subplots()
        ax.scatter(df['alpha'], df['belta'])
Out[1]: 
<matplotlib.collections.PathCollection at 0x113a2f2e8>
```

> 本节各项对缺失数据的处理方法,都不能从根本上解决问题。造成缺失数据的原因在于数据收集系统和收集过程出现问题。

> 在科学上,离群数据可能是发现或发明契机;在工程上,离群数据则意味着可能存在某种不稳定或不确定因素。

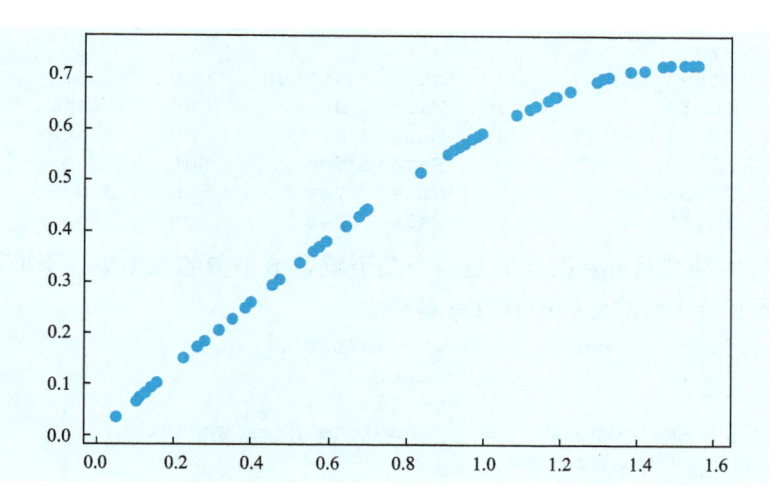

观察 Out[1] 输出的图示可以看出，它是针对数据集 df 所绘制的散点图，图中大多数数据貌似符合某种直线关系，只是右上角的部分数据有些例外，那些数据就可以称为相对于前面数据的离群数据。

> 某数据是否为离群数据，与判断标准有关。以 In[1] 中所使用的数据集为例，如果以直线关系判断，则 Out[1] 图示中右上角部分数据可以被视为离群值；如果以 $n=\sin\alpha/\sin\beta$ 判断，则该数据集中没有离群数据。

在数据科学和工程技术中，还有一种被称为"噪声"的数据。噪声是被观测变量的随机误差，它与离群值不同。例如，如果分析顾客消费数据，试图从中发现是否有异常行为，通常要对消费额度创建一个随机变量模型。顾客的日常消费额度可能有"随机误差"，即噪声。比如，每日午餐消费 15 元（±2 元），某次多要了一份红烧肉，这种消费就不应该视为离群数据。

一般可以将离群数据划分为以下三类。
- 全局离群数据：某些数据显著偏离数据集大多数数据的分布规律。
- 情境离群数据：依据某情境（条件），该数据明显不符合要求。例如，苏州在 6 月 7 日的最高温度是 3℃。对于苏州而言，3℃的温度值是可能存在的，但不是在 6 月 7 日，如果数据集中有此类值，则为离群数据。
- 集体离群数据：偏离"大部队"的不是一个或者几个值，而是数据子集，那么这个子集作为整体视为离群数据。但是，子集中的个体数据可能不都是离群值。

在实际业务中，一个数据集可能包含多种类型的离群数据。此外，一个离群数据也可能属于多种类型。检验不同类型的离群值，可能有不同的目的和应用。检验方法也会随着类型的不同有所不同，并且也面临着诸多挑战。在本节，仅以若干实例演示比较简单、主要以统计方法实现的离群数据检验。

基础知识

箱线图是一种检验离群数据的常用方法。

```
In [2]: import seaborn as sns
        sns.set(style="whitegrid")

        tips = sns.load_dataset("tips")        # 加载数据集
        tips.sample(5)
```

> 箱线图是用于显示数据分布情况的统计图。

```
Out[2]:
     total_bill    tip     sex     smoker   day   time     size
75   10.51         1.25    Male    No       Sat   Dinner   2
40   16.04         2.24    Male    No       Sat   Dinner   3
103  22.42         3.48    Female  Yes      Sat   Dinner   2
181  23.33         5.65    Male    Yes      Sun   Dinner   2
176  17.89         2.00    Male    Yes      Sun   Dinner   2
```

In[2] 中的变量 tips 引用的是一个关于顾客给小费的数据集，下面用箱线图检查顾客给小费的金额中有没有离群值。

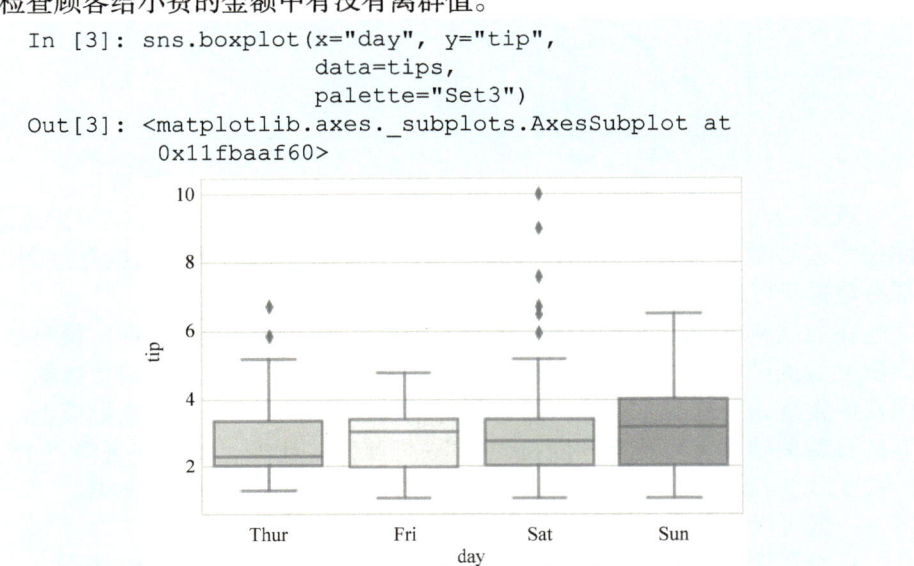

```
In [3]: sns.boxplot(x="day", y="tip",
                    data=tips,
                    palette="Set3")
Out[3]: <matplotlib.axes._subplots.AxesSubplot at
        0x11fbaaf60>
```

显然，特征"Sat"有比较明显的离群数据。因此，如果是餐厅服务员，在周六工作是比较合算的——当然，不适用于我国。

还可更细致地用下面的方式进行分析，观察相对分布状况。

sns.swarmplot，以不重叠的点表示数据分布情况。

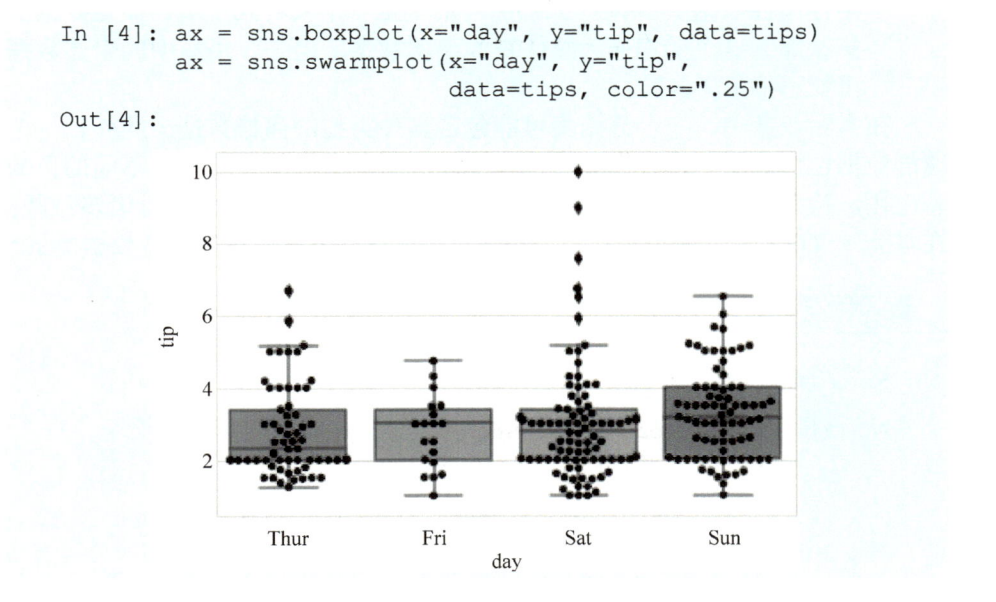

```
In [4]: ax = sns.boxplot(x="day", y="tip", data=tips)
        ax = sns.swarmplot(x="day", y="tip",
                           data=tips, color=".25")
Out[4]:
```

最终结论：餐馆服务员在周五上班是最不合算的。

项目案例

1. 项目描述

定量地检验 sklearn.datasets 中的 Boston 房价数据集中是否有离群值；如果有，则将离群值从数据集中剔除。

2. 实现过程

```
In [5]: # 加载数据集
        from sklearn.datasets import load_boston
        import pandas as pd
        boston = load_boston()
        x = boston.data
        y = boston.target
        columns = boston.feature_names

        # 为了操作方便，将数据集转化为 DataFrame 类型
        boston_df = pd.DataFrame(boston.data)
        boston_df.columns = columns
```

> 此处的数据集及 2.3.3 节中 In[40] 的莺尾花数据集，都是由 scikit-learn 所集成的，它提供了三种不同的数据集接口，是类似于 In[5] 方式的数据集，是供学习使用的小型数据集。

载入数据集之后，首先要对数据集的基本情况有所了解。

```
In [6]: boston_df.info()
        # 以下为输出结果
        <class 'pandas.core.frame.DataFrame'>
        RangeIndex: 506 entries, 0 to 505
        Data columns (total 13 columns):
        CRIM       506 non-null float64
        ZN         506 non-null float64
        INDUS      506 non-null float64
        CHAS       506 non-null float64
        NOX        506 non-null float64
        RM         506 non-null float64
        AGE        506 non-null float64
        DIS        506 non-null float64
        RAD        506 non-null float64
        TAX        506 non-null float64
        PTRATIO    506 non-null float64
        B          506 non-null float64
        LSTAT      506 non-null float64
        dtypes: float64(13)
        memory usage: 51.5 KB
```

如果使用类似于 In[4] 的方法检验，只能得到定性结果，要想定量化，就需要计算箱线图的 IQR（四分位距，Interquartile Range），即数据集的 75% 的值和 25% 的值的差，对照图示不难理解，IQR 就是箱体的高度。

```
In [7]: percentlier = boston_df.quantile(
```

```
                            [0, 0.25, 0.5, 0.75, 1],
                            axis=0)       # ①
         IQR = percentlier.iloc[3] - percentlier.iloc[1]
         IQR
Out[7]:  CRIM         3.595038
         ZN          12.500000
         INDUS       12.910000
         CHAS         0.000000
         NOX          0.175000
         RM           0.738000
         AGE         49.050000
         DIS          3.088250
         RAD         20.000000
         TAX        387.000000
         PTRATIO      2.800000
         B           20.847500
         LSTAT       10.005000
         dtype: float64
```

①计算四分位值，注意参数 axis=0，意味着是计算各个特征（列）数据的四分位值。然后，根据 IQR 的定义计算并得到其值。

```
In [8]: Q1 = percentlier.iloc[1]       # 第 1 四分位
        Q3 = percentlier.iloc[3]       # 第 3 四分位
        (boston_df < (Q1 - 1.5 * IQR)).any()       # ②
Out[8]: CRIM       False
        ZN         False
        INDUS      False
        CHAS       False
        NOX        False
        RM         True
        AGE        False
        DIS        False
        RAD        False
        TAX        False
        PTRATIO    True
        B          True
        LSTAT      False
        dtype: bool
```

在箱线图中，判断某数据是否为离群值，常以（Q_1-1.5IQR）和（Q_3 + 1.5IQR）两个数为界限：

$$n \text{ 为离群值} \begin{cases} n < (Q_1 - 1.5\,\text{IQR}) \\ n > (Q_3 + 1.5\,\text{IQR}) \end{cases}$$

②检查了数据集 boston_df 中各特征是否有小于（Q_1-1.5IQR）的离群值，在 Out[8] 输出中，标记为 True 则说明该特征下存在此类离群值。同样，可以检验另一端。

```
In [9]: (boston_df > (Q3 + 1.5 * IQR)).any()
Out[9]: CRIM       True
        ZN         True
        INDUS      False
        CHAS       True
        NOX        False
        RM         True
        AGE        False
        DIS        True
        RAD        False
        TAX        False
        PTRATIO    False
        B          False
        LSTAT      True
        dtype: bool
```

下面就利用 In[8] 和 In[9] 中两个边界计算,将数据集的离群值剔除。

```
In [10]: boston_df_out =
         boston_df[~((boston_df<(Q1-1.5*IQR))
                    |(boston_df>(Q3+1.5*IQR))
                    ).any(axis=1)]
         boston_df_out.shape
Out[10]: (274, 13)
```

"|"表示计算并集;"~"表示取反。

In[6] 的输出结果显示原来的数据集中有 506 条记录,经过 In[10] 剔除离群值之后,还剩下 274 条记录,按照箱线图的原则,现在的数据集 boston_df_out 就没有离群值了。

除了依据箱线图(定量化)检查并处理离群值,如果数据是正态分布的,还可以依据正态分布的有关统计理论检查、处理离群数据。下面依然使用数据集 boston_df(在 In[5] 中创建),具体实施此方法。

```
In [11]: # 计算Z分数
         from scipy import stats      # 统计专用模块
         import numpy as np
         rm = boston_df['RM']
         z = np.abs(stats.zscore(rm))    # ③
         st = boston_df['RM'].std()      # ④
         st
Out[11]: 0.7026171434153237
```

scipy 是科学计算专用工具包,包括多个子模块,分别完成插值、积分、优化、图像处理、统计等计算。其网站为 https://www.scipy.org/。

为了简化操作,这里仅研究 boston_df 数据集中特征 "RM" 下的离群值。③计算了此特征下所有数据的 Z 分数,注意取绝对值,是为了使下面的 In[12] ⑤中包含大于和小于三个标准差。④计算了特征 "RM" 的标准差。如果 Z 分数大于三个标准差,则认为其所对应的原数据为离群值。

```
In [12]: threshold = 3 * st
         print(np.where(z > threshold))    # ⑤
         # 输出结果
```

在正态分布中,三个标准差范围所占比例是全部数值的 99.7%。

```
         (array([ 97,  98, 162, 163, 166, 180, 186, 195,
                 203, 204, 224, 225, 226,232, 233, 253,
                 257, 262, 267, 280, 283, 364, 365, 367,
                 374, 384, 386, 406, 412, 414]),)
```

通过⑤得到了大于 Z 分数绝对值三个标准差的数据的索引。

```
In [13]: rm_in = rm[(z < threshold)]      # ⑥
         rm_in.shape
Out[13]: (476,)
```

对于由 In[11] 中选取出来的数据 rm，⑥所得数据剔除了离群值，保留所有 Z 分数绝对值小于三个标准差的数据。

动手练习

1. 以定量的方式，检测 In[2] 所加载的数据集 tips 中的离群数据。
2. 检验数据集 "/bicycle/Bicycle_Counts.csv" 中是否有缺失值，并运用适当的方式进行填补；然后检验其是否有离群值。

扩展探究

在数据集中如果有离群数据，会使标准差被高估，容易导致机器学习模型准确度下降，所以通常会采用某种方法进行处理。本节介绍了一种简单的"识别——删除"处理方法，除了这种方法，3.6 节的特征规范也是处理离群值方法，其作用是消除离群值的影响。

根据数据的特点，检测和处理离群值的方法还有很多。如果数据有标签，可以利用有监督的机器学习中分类模型对样本进行检测，发现离群数据；如果没有标签，可以运用无监督的聚类方法进行检测。此外，还有基于邻近性、基于网格、基于密度的离群值检测方法。如果读者对此有兴趣，可以查阅有关资料研习。

第 3 章 特 征 变 换

数据科学项目中少不了要用到机器学习算法。通常，每种算法会对数据有相应的要求，比如有的算法要求数据集特征是离散型的，有的算法要求数据集特征是分类型的，而数据集特征不一定就满足这些要求，必须依据某些原则、方法对原始数据进行变换，这就是本章要重点阐述的特征变换。

有的资料中将特征工程等价于本章所阐述的特征变换。此处不争论这些名词上的问题，重点要"观其行"。

第 3 章知识结构如图 3-0-0 所示。

扫描二维码，获得本章学习资源

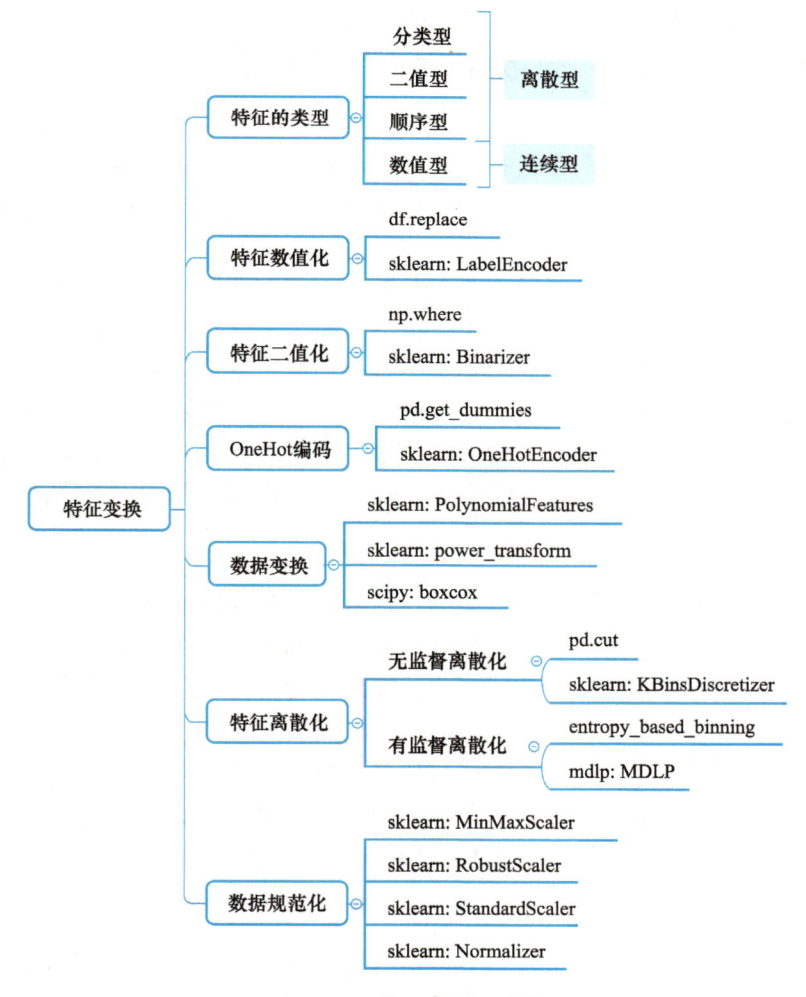

图 3-0-0　第 3 章知识结构

3.0 特征的类型

特征的类型由其所有值的集合决定，通常有如下几种。

1. 分类型

每个值表示一种状态、类别，并且不同值之间没有顺序。例如，"性别"的值一般是"男"或者"女"，即使分别用 1 和 0 表示，也不意味着所有值具有某种顺序。再如，"职业"的值可能是"商、农、工、士"中的某一种，这些值没有顺序（也没有高低贵贱之分）。

- 分类型特征的值如果是字符串，这些值不能直接输入机器学习算法中，通常要经过转换，例如使用 OneHot 编码实现转换。
- 分类型特征的值如果是数字，这些值并不是定量的，计算它们的平均值、中位数等没有什么意义，也不能对它们进行排序和运算。但是，在某种情况下，统计众数或许有必要。

在数据挖掘领域中，分类型特征被称为"标称属性"。

> 本书中关于特征类型的说明，依据实际项目中的普遍经验而定，不是学术化的定义。

2. 二值型

特征的值如果只有两种状态，比如 0 或 1，那么这类特征就是"二值型"的，显然它也是分类型的。二值型特征也可以称为"二元型特征"或者"布尔型特征"。

有的二值型特征的两个状态是等价的，例如在性别中，用 0 表示女，也可以用 0 表示男，这两个状态并不存在不同的权重。与之不同的是，另外一类二值型特征，其不同状态表示不同的重要程度，通常用 1 表示更重要的状态，用 0 表示另一种状态。例如，对普通大众的 HIV 检验，呈阳性的用 1 表示，呈阴性的用 0 表示——就正常社会群体而言，携带 HIV 病毒的人数是稀少的。在如此得到的数据中，0 的数量就比较多，这样的数据称为"稀疏的"。

3. 顺序型

对于前面的分类型特征和二值型特征的值，其排序都没有意义。如果有像"职称"这样的特征，其值分别为"讲师""副教授""教授"，从某个角度讲，它们就具有顺序，这样的特征称为顺序型特征。顺序型特征的值可以是数字。

此外，顺序型特征还可以通过对连续型特征离散化而得到。比如，学生的考试成绩按照下面的原则划分等级：A（90 ~ 100 分）、B（75 ~ < 90 分）、C（60 ~ < 75 分）、D（45 ~ < 60 分）、E（45 分以下）。

4. 数值型

特征的值如果是整数或浮点数，那么这类特征就是"数值型"的，也可以分别称为整数型特征或浮点数型特征。

特征的类型除了用上述4种类型，还可以用"离散型"和"连续型"来表示。分类型、二值型、顺序型特征也是离散型特征；数值型特征与连续型特征，可以认为是同义词。

之所以要分辨不同类型的特征，是因为机器学习算法对特征的类型会有所偏好，不合适的就要通过特征变换，以适合算法对数据的要求。并且，通过特征变换之后，数据的可解释性可得到提高。

3.1 特征数值化

实际业务中的很多数据不是整数或浮点数，如表3-1-1就是一种常见的情况，表中数据来自好友高扬先生的《白话大数据与机器学习》中关于"基因测序"预测病患示例。

表 3-1-1 基因测序样本

样本编号	基因片段 A	基因片段 B	高血压	胆结石
1	1	1	是	否
2	0	0	否	是
3	0	1	否	否
4	1	0	否	否
5	1	1	否	是
6	1	0	否	是
7	0	1	是	是
8	0	0	否	否
9	1	0	是	否
10	0	1	否	是

如果机器学习算法中使用此数据，是无法训练模型的，因为算法不理解"是"与"否"这样的字符串。因此，必须将该特征的所有值转化为数值型的，即实现数值化。

> **基础知识**

```
In [1]: import pandas as pd
        df = pd.DataFrame({
            "gene_segA": [1, 0, 0, 1, 1, 1, 0, 0, 1, 0],
            "gene_segB": [1, 0, 1, 0, 1, 1, 0, 0, 1, 0],
            "hypertension": ["Y", 'N', 'N', 'N', 'N',
                             'N', 'Y', 'N', 'Y', 'N'],
            "Gallstones": ['Y', 'N', 'N', 'N', 'Y',
                           'Y', 'Y', 'N', 'N', 'Y']
```

模拟表3-1-1创建数据集。

```
                })
        df
Out[1]:
   gene_segA   gene_segB   hypertension   Gallstones
0      1           1            Y             Y
1      0           0            N             N
2      0           1            N             N
3      1           0            N             N
4      1           1            N             Y
5      1           1            N             Y
6      0           0            Y             Y
7      0           0            N             N
8      1           1            Y             N
9      0           0            N             Y
```

将数据集中的 Y、N 替换为数字，比如用 1 替换 Y，用 0 替换 N。

> 应该注意区分 str.replace 和 df.replace。

```
In [2]: df.replace({"N": 0, 'Y': 1})
Out[2]:
   gene_segA   gene_segB   hypertension   Gallstones
0      1           1            1             1
1      0           0            0             0
2      0           1            0             0
3      1           0            0             0
4      1           1            0             1
5      1           1            0             1
6      0           0            1             1
7      0           0            0             0
8      1           1            1             0
9      0           0            0             1
```

In[2] 中用 DataFrame 实例的 replace 方法将特征中的字符串替换成数值，实现了特征数值化。

除了用 In[2] 所示的方法，在 scikit-learn 中也为此提供了专用模块。

> replace 和 LabelEncoder 各有特点，在实际项目中应视情况选用。

```
In [3]: from sklearn.preprocessing import LabelEncoder
        le = LabelEncoder()
        le.fit_transform(df['hypertension'])
Out[3]: array([1, 0, 0, 0, 0, 0, 1, 0, 1, 0])
```

实例化 LabelEncoder，得到了一个实现特征数值化的模型实例，用它训练特征中的数据，即可得到其中的枚举值。特征 "hypertension" 是分类型或者二值型的，le 实例能自动从 0 开始，将每个值用整数替换。

分类型特征的值除可以是字符串外，还可以是数值，例如：

```
In [4]: le.fit_transform([1, 3, 3, 7, 3, 1])
Out[4]: array([0, 1, 1, 2, 1, 0])
```

LabelEncoder 实例对象还有一个实现"反向取值"的方法。

```
In [5]: le.inverse_transform([0, 1, 1, 2, 1, 0])
```

```
Out[5]: array([1, 3, 3, 7, 3, 1])
```

应用 In[5] 得到的就是 In[4] 中的参数。

项目案例

1. 项目描述

假设有数据 ['white', 'green', 'red', 'green', 'white']，要求利用此数据创建特征数值化模型，然后用模型对另外的数据集进行特征变换。

2. 实现过程

```
In [6]: from sklearn.preprocessing import LabelEncoder
        le = LabelEncoder()        # ①
        le.fit(['white','green','red','green','white']) # ②
        le.classes_    # ③
Out[6]: array(['green', 'red', 'white'], dtype='<U5')
```

①创建了模型；②用参数中的数据进行训练，创建了能够对含有"white""green""red"三个值的特征进行数值化的模型 le；③显示自动分类的结果。从 Out[6] 的结果来看，三个字符串依次对应 0、1、2。

```
In [7]: le.transform(["green",'green','green','white']) # ④
Out[7]: array([0, 0, 0, 2])
```

In[7] 使用②训练的模型对另外一批数据（参数内显示的数据）进行转换，得到了如 Out[7] 所示的结果。前面所使用过的 fit_transform 相当于②和④的合并。

但是，如果④中出现了超出 Out[6] 所得分类的参数，就会报错了。

```
In [8]: le.transform(["green", 'green', 'green', 'blue'])
        # 输出错误信息
        ……
        ValueError: y contains previously unseen labels:
                    ['blue']
```

scikit-learn 的官方网站有针对 LabelEncoder 的属性和方法的详细说明，建议参阅。

将特征数值化之后，虽然能够满足机器学习模型的需要了，但是无形之中带来了另外一种原本不存在的情况，即各值之间有了大小关系。例如在 In[7] 中，本来"green"和"white"是分类型特征的值，它们之间没有大小关系，当转化为 0 和 2 之后，就自然带来了大小关系。这是数值化的副作用，要小心。因此，务必时刻牢记，尽管进行了数值化转化，但它依然是分类型特征，其本质并没有改变。

动手练习

1. 读取数据集 "/universityrank/cwurData.csv"，并对特征 "country" 进行数值化变换。

2. 练习文本处理。有如下两句：

d1 = "I am Laoqi. I am a programmer."
d2 = "Laoqi is in Soochow. It is a beautiful city."

要求：

- 从 d1 和 d2 中提炼出唯一的单词，并保存到列表中。
- 计算上述列表中每个单词分别在 d1 和 d2 中出现的次数，并将结果保存为 DataFrame 类型数据。

> 此题需要使用"扩展探究"中所推荐的知识。

扩展探究

数值化最常用于自然语言处理（Natural Language Processing，NLP）。例如本节"动手练习"第 2 题中的 d1 和 d2 两个文本不能直接用于机器学习模型，需要通过构建"词袋"实现文本的数值化变换。建议读者根据有关资料，了解"词袋"相关知识，并研习 scikit-learn 提供的 CountVectorizer 模块使用方法。

3.2 特征二值化

不论是连续型特征还是离散型特征，都可以进行二值化变换，其通常规则是：

$$y = \begin{cases} 0, & x \leq \theta \\ 1, & x > \theta \end{cases}$$

式中，θ 是阈值。

> "阈值"不是"阀值"。

基础知识

```
In [1]: import pandas as pd
        path = "/Users/qiwsir/Documents/Codes/DataSet"
        pm25 = pd.read_csv(path + "/pm25/pm2.csv")
        pm25.head()
Out[1]:
   RANK  CITY_ID  CITY_NAME  Exposed days
0    1      594     拉萨            2
1    2      579     玉溪            7
2    3      263     厦门            8
3    4      267     泉州            9
4    5      271     漳州           10
```

下面以平均值为阈值，对特征"Exposed days"进行二值化。

```
In [2]: import numpy as np
        pm25['bdays'] = np.where(
                         pm25["Exposed days"] >
```

```
                            pm25["Exposed days"].mean(),
                 1, 0)
        pm25.sample(10)
Out[2]:
        RANK    CITY_ID   CITY_NAME   Exposed days   bdays
252     275     367       新乡          216            1
168     191     175       常州          125            1
216     239     40        长治          169            1
106     118     146       鹤岗          88             0
201     224     172       徐州          148            1
44      50      568       安顺          50             0
148     166     298       宜春          110            1
88      98      87        本溪          80             0
124     136     62        通辽          96             0
214     237     344       临沂          166            1
```

新增加的特征"bdays"是对"Exposed days"二值化之后所得到的二值型特征。In[2]用np.where函数完成了阈值的判断和相应赋值。

除了可以用In[2]的方法实现特征二值化，还可以使用scikit-learn提供的二值化模块Binarizer实现特征二值化，如下执行：

```
In [3]: from sklearn.preprocessing import Binarizer
        bn = Binarizer(
                threshold=pm25["Exposed days"].mean())    # ①
        result = bn.fit_transform(
                        pm25[["Exposed days"]])    # ②
        pm25['sk-bdays'] = result
        pm25.sample(10)
Out[3]:
        RANK    CITY_ID   CITY_NAME   Exposed days   bdays   sk-bdays
52      60      493       中山          57             0       0
50      58      614       武威          56             0       0
167     190     546       内江          124            1       1
110     122     478       肇庆          89             0       0
17      19      484       汕尾          27             0       0
211     234     390       武汉          158            1       1
7       8       264       莆田          12             0       0
172     195     403       鄂州          128            1       1
118     130     625       西宁          93             0       0
143     160     78        沈阳          108            0       0
```

观察Out[3]输出结果，In[3]代码所实现的二值化结果保存在特征"sk-bdays"中，与特征"bdays"对比，结果一样。

①创建特征二值化模型，并以平均值为阈值。然后用此模型在②中进行训练并同时实现特征转换（fit_transform方法的作用）。这里使用的参数是pm25[["Exposed days"]]，旨在得到一个形状为一列的DataFrame对象，与pm25["Exposed days"]不同，请读者区别。

> 注意比较这三种操作及其结果。

```
In [4]: pm25[["Exposed days"]].shape
Out[4]: (264, 1)

In [5]: pm25["Exposed days"].shape
Out[5]: (264,)

In [6]: pm25["Exposed days"].values.reshape((-1, 1)).shape
Out[6]: (264, 1)
```

fit_transform 方法的参数应该是如 Out[4] 输出结果所示的数据。

另外，与模块 Binarizer 等效的还有一个名为 binarize 的函数，使用方法如下：

```
In [7]: from sklearn.preprocessing import binarize
        fbin = binarize(pm25[['Exposed days']],
                        threshold=pm25['Exposed days'].mean())
        fbin[[1, 50, 100, 150, 200]]
Out[7]: array([[0],
               [0],
               [0],
               [1],
               [1]])
```

在 scikit-learn 的模块中，有一些模块类似于 Binarizer，会对应一个同名的函数，在使用的时候，这两者等效。在后续内容中，本书不再就此重复说明，但并不意味着排斥函数的运用。

在用模块 Binarizer 创建实例时，如果不指定参数 threshold 的值，则默认为 0。

> np.random 是 Numpy 中实现随机操作的模块，其中包括多种随机函数。

```
In [8]: gau = np.random.normal(loc=0, scale=1.0, size=100)
        gau
Out[8]: array([-0.93107645,  0.7771401 , -0.96760304,
               -2.241224  ,  1.45098164,  0.87956184,
               -0.54745533, -1.58035453,  0.63791776,
               …(省略部分显示内容)
               -0.30007059,  0.26227684, -1.82310175,
                0.46146911,  0.26062564])
```

按照正态分布的规则，生成一个数组，以 0 作为阈值，对数组中的数字进行二值化。

```
In [9]: gau_bin = Binarizer().fit_transform(
                              gau.reshape(-1, 1))
        gau_bin.reshape(1,-1) [0]
Out[9]: array([0., 1., 0., 0., 1., 1., 0., 0., 1.,
               …(省略部分显示内容)
               1., 0., 1., 1.])
```

项目案例

1. 项目描述

在 1.1.3 节中已经学习了读取图像的方法,在该方法的基础上,对读入的图像数据进行二值化变换。

2. 实现过程

```
In [10]: %matplotlib inline
         import matplotlib.pyplot as plt
         import cv2
         # 写一个专门在 Jupyter 中显示图像的函数
         def show_img(img):
             if len(img.shape) == 3:
                 b, g, r = cv2.split(img)
                 img = cv2.merge([r, g, b])
                 plt.imshow(img)
             else:
                 plt.imshow(img, cmap="gray")
             plt.axis("off")
             plt.show()

         laoqi = cv2.imread("./images/laoqi.png")
         show_img(laoqi)
         # 输出结果
```

In[10] 的代码与 1.1.3 节中所述的使用 OpenCV 读取图像的方法在本质上是一样的,只不过这里写成了一个函数。

图像的二值化就是将图像中的内容分为两部分:前景和背景。要设置一个阈值,每个像素的值与阈值比较,以确定像素是前景还是背景。通常,阈值分为固定阈值和自适应阈值两类。在 OpenCV 的 threshold 函数中,使用固定阈值。

先把得到的图像进行灰度化处理。

```
In [11]: gray_laoqi = cv2.cvtColor(laoqi, cv2.COLOR_BGR2GRAY)
         show_img(gray_laoqi)
         # 输出结果
```

在 In[11] 基础上，实施二值化操作。

```
In [12]: ret,thr = cv2.threshold(gray_laoqi,
                                 127,
                                 255,
                                 cv2.THRESH_BINARY)
         show_img(thr)
```

用 OpenCV 的 threshold 方法以固定阈值的方式实现图像二值化，可以有 5 种实现方式，In[12] 中的参数 cv2.THRESH_BINARY 为其中的一种。其含义是超过阈值（127）的像素就设置为最大值（255），否则就为 0。如此就得到了上图结果。更多关于 threshold 方法的内容，请参阅：https://docs.opencv.org/3.4/d7/d4d/tutorial_py_thresholding.html。

动手练习

读取数据集 "/marathon/marathon.csv"，按照下列公式计算 "split"（半程计时）和 "final"（全程计时），并依据阈值对每个样本用二值化数据描述。

$$\text{frac} = 1 - \frac{2 \times \text{split}}{\text{final}}$$

$$\text{split}_{\text{frac}} = \begin{cases} 0, & \text{frac} > 0 \\ 1, & \text{frac} \geq 0 \end{cases}$$

> 马拉松运动是一项参与者越来越多的运动。借助本题的数据集，可以深入研究不同类型运动员采用的跑步策略。

扩展探究

特征二值化是一项常见的特征变换，除用本节已有的方法可以实现外，还有其他第三方工具，如 Category Encoders，这是一个专门针对分类型特征进行编码的第三方包，其中包括本节的二值化，还包括下一节的 OneHot 编码，以及其他针对分类型特征的编码方法。建议读者通过官方网站学习使用此工具（http://contrib.scikit-learn.org/categorical-encoding/）。

> 众多工具让数据科学项目变得更简单。这就是"开源"带来的最大好处。

3.3 OneHot 编码

在 3.1 节中，用表 3-1-1 表示了基因测序和病患的数据，其实，这个表格可能是经过处理之后的，最原始的数据记录方式应该更接近于如表 3-3-1 所示（为了简化问题，并没有与表 3-1-1 严格对应）。

表 3-3-1 基因测序和病患记录表

样本编号	基因片段	病患
1	A	高血压
2	B	胆结石
3	B	胆结石
4	A	高血压
5	A	胆结石
6	A	胆结石
7	B	高血压
8	B	胆结石
9	A	高血压
10	B	胆结石

因为这样的表格合乎人的使用习惯，但对机器不友好，要想将此数据应用于某个算法，需要将表 3-3-1 转化为表 3-1-1——人和机器的偏好不同，所以才有协作。

基础知识

```
In [1]: import pandas as pd
        g = pd.DataFrame({
            "gender": ["man", 'woman', 'woman', 'man',
                       'woman']})
        g
Out[1]:
            gender
        0   man
        1   woman
        2   woman
        3   man
        4   woman
```

特征"gender"的值除了man就是woman，按照3.0节对特征类型的描述，它是分类型特征，也是二值型特征。并且，在3.1节中曾经用"数值化"的方式处理过这种类型的特征，但是数值化会带来原本没有的"大小关系"。为了避免这种"副作用"的出现，下面换一种处理方式。

> 有的资料将 In[2] 操作所得特征直译为"哑变量"。

```
In [2]: pd.get_dummies(g)
Out[2]:
       gender_man    gender_woman
  0         1              0
  1         0              1
  2         0              1
  3         1              0
  4         0              1
```

对照 Out[2] 和 Out[1] 的两个结果，通过执行 In[2]，自动生成了两个新的特征，从特征名称可知，"gender_man"所标记的是 Out[1] 中特征"gender"值为 man 的样本，即 1 表示 man，0 表示"非 man"。同理，"gender_woman"中的 1 表示该样本是 woman，0 表示"非 woman"。

Out[2] 中的这两个特征，是由 Pandas 的函数 get_dummies 生成的，此函数的完整形式是：

```
pd.get_dummies(data, prefix=None, prefix_sep='_', dummy_na=False, columns=None, sparse=False, drop_first=False, dtype=None)
```

其作用是将分类型特征转化为"虚拟变量"（也译为"哑变量"），即由 Out[1] 变为 Out[2]。

仿照表 3-3-1 创建一个对象，并生成虚拟变量。

```
In [3]: df = pd.DataFrame({
            "gene_seg": ['A', 'B', 'B', 'A', 'A'],
            'dis': ['gall', 'hyp', 'gall', 'hyp', 'hyp']
            })
        df
Out[3]:
       gene_seg     dis
  0       A         gall
  1       B         hyp
  2       B         gall
  3       A         hyp
  4       A         hyp

In [4]: pd.get_dummies(df)
Out[4]:
       gene_seg_A   gene_seg_B   dis_gall   dis_hyp
  0        1            0           1          0
  1        0            1           0          1
  2        0            1           1          0
  3        1            0           0          1
  4        1            0           0          1
```

函数 get_dummies 根据数据集中分类型特征的值创建了新的特征，并用 1 和 0 分别标记此特征在样本中的状态（出现为 1，不出现为 0）。但是，如果再对照原有数据集中分类型特征，比如 Out[1] 的 "gender" 特征，每个样本值要么是 woman，要么是 man，二者只选其一（即二值型特征），那么在 Out[2] 的结果中新增了两个特征，以其中一个特征为例，比如 "gender_man"，标记为 1 的表示该样本为 man，标记为 0 的就表示 "非 man"，那就应该是 woman。因此，在 Out[2] 显示的表格中，特征 "gender_man" 和 "gender_woman" 在样本值的记录上是重复的。此类现象在 Out[4] 的结果中也存在。事实上，对于 Out[2] 的结果而言，只需要 "gender_man" 一个特征就足以表达每个样本的属性了。因此，get_dummies 函数提供了一个可选参数 drop_first。

> 机器学习算法要求数据集的各特征是相互独立的。

```
In [5]: pd.get_dummies(g, drop_first='True')
Out[5]:
           gender_woman
        0       0
        1       1
        2       1
        3       0
        4       1
```

再比较 Out[5] 和 Out[2]，Out[5] 去除了冗余特征，这样的数据集更符合机器学习模型的要求。

也许读者发现，前面示例中分类型特征的值都是 "二值"，是否有点特殊了？

```
In [6]: persons = pd.DataFrame({
           "name":["Newton", "Andrew Ng", "Jodan",
                   "Bill Gates"],
           'color':['white', 'yellow', 'black', 'white']})
        persons
Out[6]:
           name           color
        0  Newton         white
        1  Andrew Ng      yellow
        2  Jodan          black
        3  Bill Gates     white
```

此处的 "color" 特征有三个值——"color" 是分类型特征，但不是二值型的了。

> merge 方法用于合并两个 DataFrame 实例对象。

```
In [7]: df_dum = pd.get_dummies(persons['color'],
                                drop_first=True)
        persons.merge(df_dum,
                      left_index=True,
                      right_index=True)      # ①
```

```
Out[7]:
        name         color      white    yellow
0       Newton       white      1        0
1       Andrew Ng    yellow     0        1
2       Jodan        black      0        0
3       Bill Gates   white      1        0
```

三个类别也一样创建虚拟变量，并且还是要去掉一个冗余特征。In[7] 的①演示了如何把创建的虚拟变量合并到原数据中，请读者注意观察并揣摩其方法。

通常，将以上创建虚拟变量的过程又称为 OneHot 编码。以 Out[7] 数据为例，分别以 "color" 的三个值为特征名称（即样本属性），当第 0 行中的 white 为 1（称为高位，且只有一个高位）时，则其他特征的值都是低位（记为 0）。这种编码规则称为 OneHot 编码，也译为 "独热编码"。

scikit-learn 中提供了实现 OneHot 编码的模块 OneHotEncoder。

> 除了 OneHot 编码，还有 OneCold 编码。两者的区别请阅读"扩展探究"推荐的资料。

```
In [8]: from sklearn.preprocessing import OneHotEncoder
        ohe = OneHotEncoder()
        features = ohe.fit_transform(persons[['color']])
        features.toarray()
Out[8]: array([[0., 1., 0.],
               [0., 0., 1.],
               [1., 0., 0.],
               [0., 1., 0.]])
```

OneHotEncoder 模块的使用方法与前面已介绍过的 scikit-learn 中其他模块的使用方法一样，不再赘述。但是，在 OneHotEncoder 模块中，没有提供类似 get_dummies 中的参数 drop_first，要去掉一个虚拟变量，只能用 NumPy 的数组切片操作。

```
In [9]: features.toarray()[:, 1:]
Out[9]: array([[1., 0.],
               [0., 1.],
               [0., 0.],
               [1., 0.]])
```

Out[9] 的结果对应于 Out[7] 中的 "white" 和 "yellow" 两个特征。

项目案例

1. 项目描述

创建如下数据：

```
In [10]: df = pd.DataFrame({
            "color": ['green', 'red', 'blue', 'red'],
            "size": ['M', 'L', 'XL', 'L'],
            "price": [29.9, 69.9, 99.9, 59.9],
            "classlabel": ['class1', 'class2',
                           'class1', 'class1']
        })
```

```
            df
Out[10]:
         color    size    price    classlabel
      0  green    M       29.9     class1
      1  red      L       69.9     class2
      2  blue     XL      99.9     class1
      3  red      L       59.9     class1
```

要求对此数据集完成如下操作。
- 对有必要的特征进行数值化转换。
- 对有必要的特征进行 OneHot 编码。

2. 实现过程

特征工程是一项实践性非常强的工作，一定要牢记"具体问题具体分析"的原则，不能犯教条主义的毛病。

```
In [11]: size_mapping = {'XL': 3, 'L': 2, 'M': 1}
         df['size'] = df['size'].map(size_mapping)       # ②
         df
Out[11]:
         color    size    price    classlabel
      0  green    1       29.9     class1
      1  red      2       69.9     class2
      2  blue     3       99.9     class1
      3  red      2       59.9     class1
```

> 注意区分 Python 的内置函数 map 和此处的 Series 对象（即 df['size']）的 map 方法。

In[11] 将特征 "size" 数值化，在 3.1 节中使用过 replace 方法，此处②中使用的是 map 方法，两者异曲同工。

下面对特征 "color" 进行 OneHot 编码。

```
In [12]: from sklearn.preprocessing import OneHotEncoder
         ohe = OneHotEncoder()
         fs = ohe.fit_transform(df[['color']])
         fs_ohe = pd.DataFrame(fs.toarray()[:, 1:],
                               columns=["color_green",
                                        'color_red'])
         df = pd.concat([df, fs_ohe], axis=1)
         df
Out[12]:
         color    size    price    classlabel   color_green   color_red
      0  green    1       29.9     class1       1.0           0.0
      1  red      2       69.9     class2       0.0           1.0
      2  blue     3       99.9     class1       0.0           0.0
      3  red      2       59.9     class1       0.0           1.0
```

特征 "classlabel" 也有待处理，留给读者尝试。

动手练习

1. 将"项目案例"中数据集的"classlabel"特征进行 OneHot 编码。

2. 对数据集"/breast-cancer/breast-cancer.data"完成如下操作。
- 用 Pandas 读取数据集,并获得正确、有效的数据。
- 将数据集最后一列作为样本标签,即 Y 的值;其他列作为自变量,即 X 的值。
- 分别对自变量和标签数据集进行数值化、OneHot 编码变换。

扩展探究

OneHot 编码在有的资料中被译为"独热编码"。请通过搜索引擎,进一步了解如下有关知识。
- OneHot 编码与"OneCold"编码、哑变量(Dummy Variable)的比较,推荐参考资料:
  - https://en.wikipedia.org/wiki/One-hot。
  - https://en.wikipedia.org/wiki/Dummy_variable_(statistics)。
- 本节使用了 scikit-learn 的模块实现了 OneHot 编码,除此之外,其他库也有实现 OneHot 编码的模块,例如 Keras 的 to_categorical 函数。

> Keras 是用 Python 语言编写的开源的神经网络库。

3.4 数据变换

为了研究数据集中特征之间潜在的规律,有时候还需要对特征运用某些函数进行变换,以便更容易地找到其中的规律。

基础知识

```
In [1]: import pandas as pd
        path = "/Users/qiwsir/Documents/Codes/DataSet"
        data = pd.read_csv(path + "/freefall/freefall.csv",
                           index_col=0)
        data.describe()
Out[1]:
                  time            location
        count   100.000000      1.000000e+02
        mean    250.000000      4.103956e+05
        std     146.522832      3.709840e+05
        min       0.000000      0.000000e+00
        25%     124.997500      7.658593e+04
        50%     250.000000      3.062812e+05
        75%     375.002500      6.890859e+05
        max     500.000000      1.225000e+06
```

这个数据集记录了物体从足够高的位置开始下落,以及在不同时刻所对应的下落高度。Out[1] 统计结果显示,数据的数值范围比较大。我们的目的是找到时间和下落高度两个变量之间的函数关系——假装不知道自由落体运动的函数式。

寻找两个变量之间关系的最直观方法是绘制散点图。

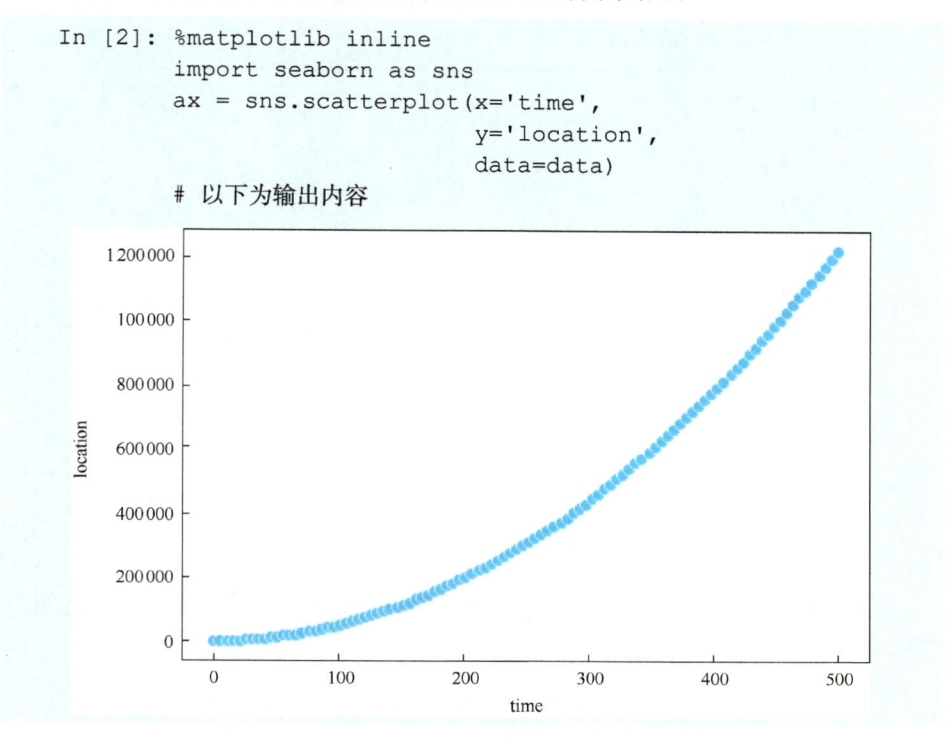

> 通过散点图，研究变量之间的函数关系，是一种常用的科学研究方法。

```
In [2]: %matplotlib inline
        import seaborn as sns
        ax = sns.scatterplot(x='time',
                             y='location',
                             data=data)
        # 以下为输出内容
```

暂且不使用任何算法研究这些数据，仅凭借观察，能比较准确地认定两个变量是什么关系吗？是二次函数关系吗？有根据吗？显然这是猜测的——物理学家常常这么做，先猜测、后验证。

为了更准确地"猜测"，常常需要对数据进行变换，以达到"一眼就看出来"的效果。为此，对 data 的两个特征做如下处理，以便更直观地观察两个变量的关系。

```
In [3]: import numpy as np
        data.drop([0], inplace=True)        # 去掉 0，不计算 log0
        data['logtime'] = np.log10(data['time'])           # ①
        data['logloc'] = np.log10(data['location'])        # ②
        data.head()
Out[3]:
            time      location    logtime     logloc
         1  5.05      124.99      0.703291    2.096875
         2  10.10     499.95      1.004321    2.698927
         3  15.15     1124.89     1.180413    3.051110
         4  20.20     1999.80     1.305351    3.300987
         5  25.25     3124.68     1.402261    3.494806
```

In[3] 的①和②对两个特征的数据进行了对数变换。然后，用变换之后的数据绘制散点图。

```
In [4]: ax2 = sns.scatterplot(x='logtime',
                              y='logloc',
                              data=data)
        # 以下为输出内容
```

[散点图：logtime 与 logloc 呈直线关系]

根据输出结果，可以判定变换之后的特征"logtime"与"logloc"之间是直线关系。

```
In [5]: from sklearn.linear_model import LinearRegression
        reg = LinearRegression()
        reg.fit(data['logtime'].values.reshape(-1, 1),
                data['logloc'].values.reshape(-1, 1))
        (reg.coef_, reg.intercept_)
Out[5]: (array([[1.99996182]]), array([0.69028797]))
```

> reg.coef_ 的返回值是直线的斜率；reg.intercept_ 的返回值是直线的截距。

In[5]引入了 scikit-learn 的线性回归模型，并用上述变换后的数据对这个模型进行训练，得知直线的斜率是 2，截距是 0.69，表达式如下：

$$\lg L = 2 \lg t + 0.69$$

L 表示特征"logloc"，t 表示特征"logtime"，利用数学知识可得：

$$L = 4.9t^2$$

符合自由落体运动的规律。

如何进行数据变换？应选择什么函数？通常要根据数据和业务特点而定。以上所实行的是对数变换，此外常用的还有指数变换、多项式变换、Box-Cox 变换等。

> 自由落体运动是初速度为 0、加速度为 g（约为 9.8m/s^2）的匀加速直线运动：$x = \frac{1}{2}gt^2$。

```
In [6]: import numpy as np
        X = np.arange(6).reshape(3, 2)
        X
Out[6]: array([[0, 1],
               [2, 3],
               [4, 5]])
```

这个简单的数据包含两个变量（列、特征），分别用 x_1、x_2 表示，如果要用这两个变量创建一个最高项为 2 的多项式，即

$$1 + x_1 + x_2 + x_1^2 + x_1 x_2 + x_2^2 \qquad 式①$$

用此多项式的各项对原数据进行计算，并将结果作为新特征，这就是所谓的"多项式变换"。

> 对数据进行多项式变换，相当于增加了原数据集的维度。

```
In [7]: from sklearn.preprocessing 
                  import PolynomialFeatures    # ③
        poly = PolynomialFeatures(2)    # ④
        poly.fit_transform(X)
Out[7]: array([[ 1.,  0.,  1.,  0.,  0.,  1.],
               [ 1.,  2.,  3.,  4.,  6.,  9.],
               [ 1.,  4.,  5., 16., 20., 25.]])
```

In[7] 的③引入了 scikit-learn 的多项式模型 PolynomialFeatures，④创建此模型实例，其中的参数 2 表示创建最高项为 2 的多项式，即如同 "式①" 那样。Out[7] 的结果为根据 "式①" 各项计算的所得内容。

项目案例

1. 项目描述

1964 年，Box 和 Cox 两位学者在 *An analysis of transformations* 中发表了后来称为 "Box-Cox 变换" 的数据变换方法。Box-Cox 变换属于广义幂变换，其一般形式为：

$$y_i^{(\lambda)} = \begin{cases} \dfrac{y_i^{(\lambda)} - 1}{\lambda}, & \text{if } \lambda \neq 0 \\ \ln y_i, & \text{if } \lambda = 0 \end{cases}$$

- 如果 $\lambda = 0$，就是对数变换。
- 如果 $\lambda \neq 0$，就要选择一个最优的值，这是 Box-Cox 变换的关键，旨在实现数据分布的正态化。

读取数据 "boxcox/sample_data.csv"，并进行 Box-Cox 变换。

2. 实现过程

```
In [8]: path = '/Users/qiwsir/Documents/Codes/DataSet'
        f = '/boxcox/sample_data.csv'
        dc_data = pd.read_csv(path + f)
        dc_data.head()
Out[8]:
           MONTH    AIR_TIME
        0    1         28
        1    1         29
        2    1         29
        3    1         29
        4    1         29
```

在对 In[8] 所得到的数据进行处理之前，先观察它的分布。

```
In [9]: %matplotlib inline
        import matplotlib.pyplot as plt
        h = plt.hist(dc_data['AIR_TIME'], bins=100)
        # 输出结果
```

很显然，dc_data['AIR_TIME'] 中的数据不是标准的正态分布，下面就对它进行变换。

> 正态分布（Normal distribution）又名高斯分布（Gaussian distribution），是应用广泛的一种概率分布。

```
In [10]: from scipy import stats
         transform = np.asarray(
                         dc_data[['AIR_TIME']].values)
         dft = stats.boxcox(transform)[0]    # ⑤
         hbc = plt.hist(dft, bins=100)
         # 输出结果
```

scipy 是一个专门用于科学计算的第三方库（如果没有安装，则参考官方网站：https://www.scipy.org/），它提供 Box-Cox 变换函数，如⑤所示——这就是 Python 生态环境的魅力，不用根据数学公式自己提供 Box-Cox 变换函数，只要如⑤那样操作，即可实现 Box-Cox 变换。再绘制直方图看看效果，比较 In[9] 和 In[10] 输出的图像，显然 In[10] 的操作让数据更趋于"正态分布"。

除在 scipy 提供了实现 Box-Cox 变换的函数外，在 scikit-learn 中也有相应函数供使用。

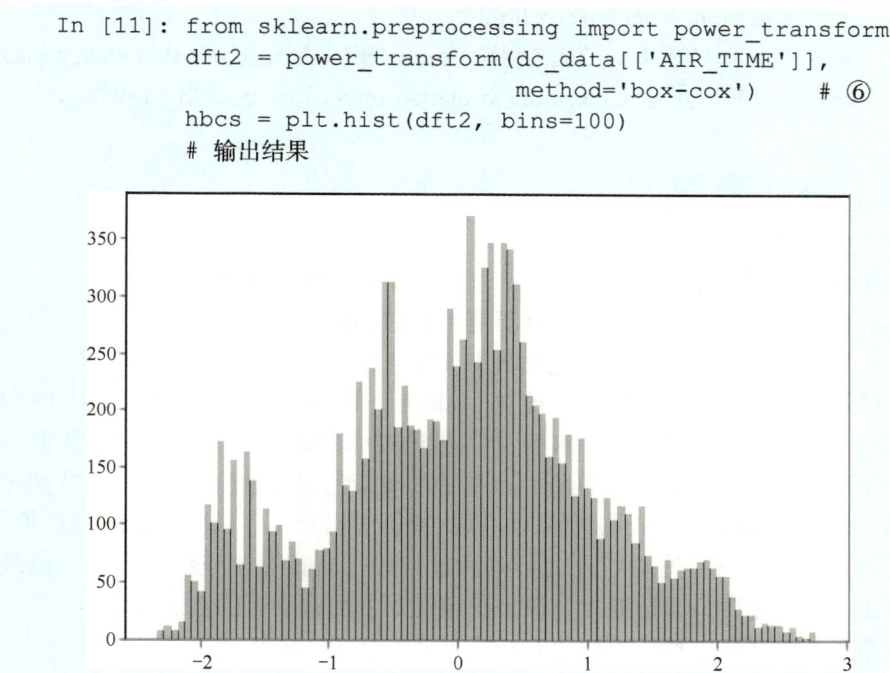

```
In [11]: from sklearn.preprocessing import power_transform
         dft2 = power_transform(dc_data[['AIR_TIME']],
                                method='box-cox')     # ⑥
         hbcs = plt.hist(dft2, bins=100)
         # 输出结果
```

> 同一个目的可以有不同的实现途径，选择哪一个应根据具体情况而定，也是开发者个人的主观选择。

In[11] 实现了与 In[10] 同样的效果。

前面曾经提到过，Box-Cox 属于广义幂变换，sklearn.preprocessing 中的 power_transform 函数的命名也符合了这种说法。利用 power_transform 函数，除了可以实现 Box-Cox 变换，还可以实现 Yeo-Johnson 变换，这两种变换都是广义幂变换的特例（参阅《维基百科》的"Power_transform"词条：https://en.wikipedia.org/wiki/Power_transform）。如⑥所示，通过参数 method 来声明当前函数使用哪一种变换（可选值："yeo-johnson"或"box-cox"）。

另外，再次提醒读者，power_transform 函数也对应着另外一个同名的类 PowerTransformer，其应用与之前曾经遇到过的类似对象一样。

动手练习

对数据集"/xsin/xsin.csv"中的数据通过多项式变换，并拟合线性关系，以图示形式表示拟合结果。

扩展探究

Box-Cox 变换，是在数据分析和机器学习项目中常被用到的，建议读者对此变换做更深入的了解。更多相关资料如下。
- Box-Cox 变换的理论阐述：https://en.wikipedia.org/wiki/Power_transform。
- scipy 中的 boxcox 函数详解：https://docs.scipy.org/doc/scipy/reference/generated/scipy.stats.boxcox.html。
- 利用 Excel 实现 Box-Cox 变换：https://help.xlstat.com/customer/en/portal/articles/2062320-box-cox-transformation-tutorial-in-excel?b_id=9283。

3.5 特征离散化

在 3.0 节中提到了"离散型"和"连续型"这两种类型的特征。
- 离散型：在任意两个值之间具有可计数的值。
- 连续型：在任意两个值之间具有无限个值。

机器学习中的一些算法，比如决策树、朴素贝叶斯、对数概率回归（logistic 回归）等算法，都要求变量必须是离散化的。此外，对于连续型特征，在离散化之后，能够降低对离群数据的影响，例如将表示年龄的特征离散化，大于 50 的是 1，否则为 0。如果此特征中出现了年龄为 500 的离群值，在离散化后，该离群值对特征的影响就被消除了。相对于连续型特征，离散型特征在计算速度、表达能力、模型稳定性等方面都具有优势。

> 对 logistic 的翻译，请参考《机器学习》（周志华著）。

那么，如何实施特征离散化？

通常使用的离散化方法可以划分为"有监督的"和"无监督的"两类。

离散化也可以称为"分箱"。

3.5.1 无监督离散化

无监督离散化就是不依据数据集的标签（有的数据集也没有标签），对特征实施离散化操作。比如，考试结果等级评定规则是：≥ 90 分为 A，80 ~ < 90 分为 B，60 ~ < 80 分为 C，< 60 分为 D。将学生百分制的卷面成绩依据规则转化为相应的等级，这样就实现了分数的离散化。在这个离散化过程中，没有根据学生的其他某种标签，这样的特征离散化就是无监督离散化。

基础知识

```
In [1]: import pandas as pd
        ages = pd.DataFrame({
                'years':[10, 14, 30, 53, 67, 32, 45],
                'name':['A', 'B', 'C', 'D', 'E', 'F', 'G']
                })
```

```
        ages
Out[1]:
           years     name
        0   10        A
        1   14        B
        2   30        C
        3   53        D
        4   67        E
        5   32        F
        6   45        G
```

如果对特征"years"离散化,可以使用 Pandas 提供的函数 cut。

```
In [2]: pd.cut(ages['years'],3)
Out[2]: 0    (9.943, 29.0]
        1    (9.943, 29.0]
        2    (29.0, 48.0]
        3    (48.0, 67.0]
        4    (48.0, 67.0]
        5    (29.0, 48.0]
        6    (29.0, 48.0]
        Name: years, dtype: category
        Categories (3, interval[float64]):
        [(9.943, 29.0] < (29.0, 48.0] < (48.0, 67.0]]
```

In[2] 的 cut 函数的第 2 个参数 3,表示将 ages['years'] 划分为等宽的 3 个区间。Out[2] 的 "[(9.943, 29.0] < (29.0, 48.0] < (48.0, 67.0]]",表示每个区间的范围,依据每个样本的数值,将该样本标记为在相应的区间中。

因为离散化的别称是"分箱",In[2] 也称为"等宽分箱法"。

与 In[2] 等效的操作,还可以用 pd.qcut 函数实现。

请读者自行尝试 pd.qcut 的操作。

```
In [3]: klass = pd.cut(ages['years'],
                       3, labels=[0, 1, 2])    # ①
        ages['label'] = klass
        ages
Out[3]:
           years     name    label
        0   10        A        0
        1   14        B        0
        2   30        C        1
        3   53        D        2
        4   67        E        2
        5   32        F        1
        6   45        G        1
```

In[3] 的①增加了参数 labels,效果如 Out[3] 所示,特征"label"就是特征"years"经离散化后的结果。

但是,若使用等宽划分,在遇到离群值时常会出现问题。

```
In [4]: ages2 = pd.DataFrame({
```

```
                'years':[10, 14, 30, 53, 300, 32, 45],
                'name':['A', 'B', 'C', 'D', 'E', 'F', 'G']
                })
         klass2 = pd.cut(ages2['years'], 3,
                     labels=['Young', 'Middle',
                             'Senior'])      # ②
         ages2['label'] = klass2
         ages2
Out[4]:
         years     name    label
      0  10        A       Young
      1  14        B       Young
      2  30        C       Young
      3  53        D       Young
      4  300       E       Senior
      5  32        F       Young
      6  45        G       Young
```

从 Out[4] 的结果可见，第 4 个样本中的离群值导致其他记录都被标记为 Young。对离群值的处理，可以使用 2.4 节中介绍的方法。此处另辟蹊径，换另一种方式解决问题。

```
In [5]: ages2 = pd.DataFrame({
                'years':[10, 14, 30, 53, 300, 32, 45],
                'name':['A', 'B', 'C', 'D', 'E', 'F', 'G']
                })
         klass2 = pd.cut(ages2['years'],
                     bins=[9, 30, 50, 300],
                     labels=['Young', 'Middle',
                             'Senior'])      # ③
         ages2['label'] = klass2
         ages2
Out[5]:
         years     name    label
      0  10        A       Young
      1  14        B       Young
      2  30        C       Young
      3  53        D       Senior
      4  300       E       Senior
      5  32        F       Middle
      6  45        G       Middle
```

通过离散化消除对离群值的影响。

注意观察 In[5] 的③，用 bins=[9, 30, 50, 300] 指定了针对特征"years"数据的分割点，如此就避免了对离群值的影响。

在 scikit-learn 中有实现无监督离散化的类 KBinsDiscretizer。

```
In [6]: from sklearn.preprocessing import KBinsDiscretizer
         kbd = KBinsDiscretizer(n_bins=3, encode='ordinal',
                         strategy='uniform')     # ④
         trans = kbd.fit_transform(ages[['years']])    # ⑤
```

```
            ages['kbd'] = trans[:, 0]      # ⑥
            ages
Out[6]:
           years     name    label    kbd
        0   10        A        0      0.0
        1   14        B        0      0.0
        2   30        C        1      1.0
        3   53        D        2      2.0
        4   67        E        2      2.0
        5   32        F        1      1.0
        6   45        G        1      1.0
```

继续使用 In[1] 生成的数据 ages，在 In[6] 中用 KBinsDiscretizer 实现等宽分箱法的特征离散化。④创建离散化模型，其中，

- n_bins 表示所划分的区间个数（整数）或者划分区间的分割点（类数组对象），④的 n_bins=3 表示将特征数据划分为三部分。
- encode 表示离散化之后的结果保存方式（编码方式），可以选择三个值（onehot、onehot-dense、ordinal），默认值是 onehot。这三个值的含义分别如下。
  - onehot：离散化之后再进行 OneHot 编码，并且返回一个稀疏矩阵。
  - onehot-dense：离散化之后再进行 OneHot 编码，并且返回数组。
  - ordinal：离散化之后，以整数数值标记相应的记录。
- strategy 表示离散化所采用的策略。
  - uniform：每个分区的宽度相同。
  - quantile：默认值。每个分区的样本数量相同。
  - kmeans：根据 k-means 聚类算法设置分区。

⑤则使用所创建的模型对特征 "years" 的值进行转换，并用⑥合并到原有数据集中，比较特征 "label" 和 "kbd"（忽略浮点数和整数的差异），会发现 In[6] 与 In[3] 的操作等效。

KBinsDiscretizer 类的参数 strategy 的三个取值，代表了无监督离散化的三个常用方法。

> k-means（k 均值），是机器学习中的一种聚类算法。

项目案例

1. 项目描述

鸢尾花数据集中的各特征是连续值（花瓣、花萼的长度和宽度测量值），要求用此数据集训练机器学习的分类算法，并比较在离散化与原始值两种状态下的分类效果。

2. 实现过程

```
In [7]: import numpy as np
        from sklearn.datasets import load_iris
```

```
from sklearn.preprocessing import KBinsDiscretizer
from sklearn.tree import DecisionTreeClassifier
from sklearn.model_selection import cross_val_score
iris = load_iris()
```

鸢尾花数据集有 4 个特征，用如下方式显示：

```
In [8]: iris.feature_names
Out[8]: ['sepal length (cm)',
         'sepal width (cm)',
         'petal length (cm)',
         'petal width (cm)']
```

为了简化问题，在下面的操作中只选用两个特征。

```
In [9]: X = iris.data
        y = iris.target
        X = X[:, [2, 3]]
```

先直观地显示这些数据的分布。

```
In [10]: %matplotlib inline
         import matplotlib.pyplot as plt
         plt.scatter(X[:, 0], X[:, 1], c=y, alpha=0.3,
                     cmap=plt.cm.RdYlBu, edgecolor='black')
Out[10]: <matplotlib.collections.PathCollection at
         0x1256aed68>
```

> X[:, 0] 是第一个特征所有数据；X[:, 1] 是第二个特征所有数据。

然后，对这些数据离散化，并用可视化的方式显示离散化后的数据分布。

```
In [11]: Xd = KBinsDiscretizer(n_bins=10,
                               encode='ordinal',
                               strategy='uniform')\
                               .fit_transform(X)
         plt.scatter(Xd[:, 0], Xd[:, 1],
                     c=y,
```

```
                      cmap=plt.cm.RdYlBu,
                      edgecolor='black')
Out[11]: <matplotlib.collections.PathCollection at
         0x125768cf8>
```

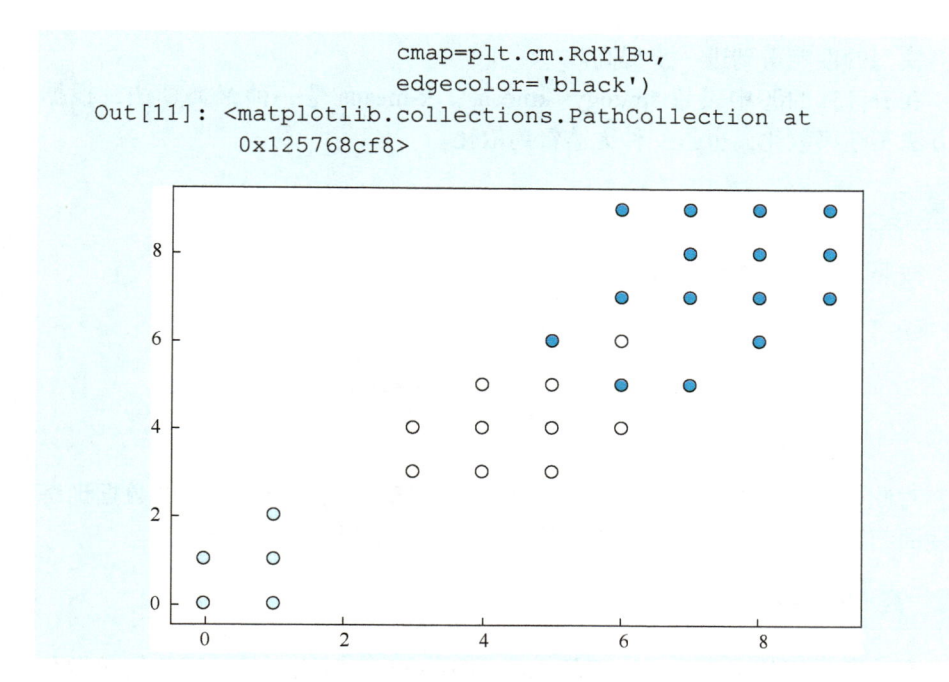

比较 Out[10] 和 Out[11]，会发现离散化后的数据更泾渭分明，有利于分类算法应用。下面将以上两种数据用于决策树分类算法，比较优劣。

```
In [12]: dtc = DecisionTreeClassifier(random_state=0)    # ⑦
         score1 = cross_val_score(dtc, X, y, cv=5)       # ⑧
         score2 = cross_val_score(dtc, Xd, y, cv=5)      # ⑨

In [13]: np.mean(score1), np.std(score1)
Out[13]: (0.9466666666666667, 0.039999999999999994)

In [14]: np.mean(score2), np.std(score2)
Out[14]: (0.96, 0.03265986323710903)
```

> 决策树 (Decision Tree) 是机器学习中的一种算法，可用于回归/分类。

在 In[12] 中分别计算了 X（⑧，未离散化）和 Xd（⑨，已离散化）两个数据集在决策树模型（⑦）中的评估得分，并在 In[13] 和 In[14] 中分别计算了相应的平均值和标准差。从结果可以看出，在实施特征离散化之后，对优化模型的性能还是有价值的。

继续使用 KBinsDiscretizer 类对鸢尾花数据离散化，这次使用 k-means 方法。

```
In [15]: km = KBinsDiscretizer(n_bins=3,
                               encode='ordinal',
                               strategy='kmeans')\
                         .fit_transform(X)    # ⑩
         s = cross_val_score(dtc, km, y, cv=5)
         np.mean(s), np.std(s)
Out[15]: (0.9733333333333334, 0.02494438257849294)
```

> 修改了离散化模型的参数 strategy 的值。

模型的性能得到进一步提高。

在 In[15] 的 ⑩ 中设置 strategy='kmeans'，k-means 是一种聚类算法，根据此方法实施离散化，也是一种无监督离散化。

动手练习

按照下面的方式创建数据集：

```
In [16]: import numpy as np
         rnd = np.random.RandomState(42)        # ⑪
         X = rnd.uniform(-3, 3, size=100)       # ⑫
         y = np.sin(X) + rnd.normal(size=len(X)) / 3
         X = X.reshape(-1, 1)
```

⑪ 生成伪随机数生成器。
⑫ 用随机数生成器生成 -3～3 的 100 个随机数。

对此处的 X 实施特征离散化，并分别使用离散化和未离散化的数据训练线性回归算法和决策树回归算法，然后评估各个模型的预测结果。

扩展探究

本节所使用的 scikit-learn 库的 KBinsDiscretizer 模块，是实现特征离散化的重要工具。建议读者根据其官方文档的说明，深入研习此模块的使用方法，特别是页面中提供的示例。其完整说明的官方网址：https://scikit-learn.org/stable/modules/generated/sklearn.preprocessing.KBinsDiscretizer.html。

3.5.2 有监督离散化

所谓有监督离散化，类似于有监督学习，需要根据样本标签实现离散化。

基础知识

此处介绍基于熵和信息增益的有监督离散化，以表 3-5-1 所示数据为例，依据 "results" 列对 "values" 列的数值实现离散化，"results" 列就是所谓的标签。

表 3-5-1 含标签的数据

values	results
1	Y
1	Y
2	N
3	Y
3	N

从表 3-5-1 中可知，"results" 中值为 Y 的样本数是 3；值为 N 的样本数是 2。依据熵的计算式：

$$\text{Entropy} = -\sum_{i=0}^{m} p_i \log_2 p_i$$

得

$$E(R) = -\frac{3}{5}\log_2\frac{3}{5} - \frac{2}{5}\log_2\frac{2}{5} = 0.97$$

如果将特征 "values" 的值以整数 2 为离散化的分割点，分别统计 "results" 的值为 Y 和 N 的数据，如表 3-5-2 所示。

表 3-5-2　样本数量统计

统计方法	Y	N	总计
小于或等于 2 的样本数量	2	1	3
大于 2 的样本数量	1	1	2

再计算熵：

$$\begin{aligned}E(R,V) &= \frac{3}{5}E(2,1) + \frac{2}{5}E(1,1) \\ &= \frac{3}{5}\times\left(-\frac{2}{3}\log_2\frac{2}{3} - \frac{1}{3}\log_2\frac{1}{3}\right) + \frac{2}{5}\times\left(-\frac{1}{2}\log_2\frac{1}{2} - \frac{1}{2}\log_2\frac{1}{2}\right) \\ &= 0.95\end{aligned}$$

然后，计算信息增益：$G = E(R) - E(R,V) = 0.02$。

用同样的方法，如果以 1 为 "values" 离散化的分割点，其熵为 0.55，相应的信息增益为 0.42。

显然，以 1 为分割点，信息增益大，那么特征 "values" 的值离散化之后为 [0, 0, 1, 1, 1]。

如果用程序来实现上述过程，应怎么做？

直接的思路是：先根据熵的定义写相应函数，然后计算熵和信息增益。不过，本着用"轮子"、不重复做"轮子"的基本原则，本书推荐使用已有的工具，例如 entropy-based-binning 就是一种实现上述计算的模块（网址：https://github.com/paulbrodersen/ entropy_based_binning ）。

> 在工程实践中，首先寻找和研究已有的工具是否满足需要。

安装方法如下：

```
$ pip install entropy-based-binning
```

下面演示使用 entropy-based-binning 完成有监督离散化的操作过程。

```
In [17]: import entropy_based_binning as ebb
         A = np.array([[1,1,2,3,3], [1,1,0,1,0]])
         ebb.bin_array(A, nbins=2, axis=1)
Out[17]: array([[0, 0, 1, 1, 1],
                [1, 1, 0, 1, 0]])
```

In[17] 中所创建的数据与表 3-5-1 是一样的，只是用 1 和 0 代替了 Y 和 N。Out[17] 输出结果中的 [0, 0, 1, 1, 1] 是原数组中的 [1,1,2,3,3] 离散化后的结果，与前面计算结果一致。

项目案例

1. 项目描述

有监督离散化除了上面介绍的基于熵（信息增益）的方法，还有基于卡方分析、基于最小描述长度两种常用方法。请根据有关资料，实现基于最小描述长度离散化（也称为"最小描述长度分箱"）。

2. 实现过程

实现最小描述长度离散化的第三方模块也比较多，此处使用 MDLP（网址：https://pypi.org/ project/mdlp-discretization/），安装方法如下：

```
$ pip install mdlp-discretization
```

基本使用方法如下：

```
In [17]: from mdlp.discretization import MDLP
         from sklearn.datasets import load_iris
         transformer = MDLP()
         iris = load_iris()
         X, y = iris.data, iris.target
         X_disc = transformer.fit_transform(X, y)
         X_disc
Out[17]: array([[0, 1, 0, 0],
                [0, 0, 0, 0],
                [0, 1, 0, 0],
                [0, 1, 0, 0],
                ...                              # 省略部分
                [2, 0, 3, 2],
                [2, 1, 3, 2],
                [1, 0, 3, 2]])
```

Out[17] 输出了根据最小描述长度将鸢尾花各特征离散化之后的结果。

动手练习

查阅有关资料，实现基于卡方分析的特征有监督离散化。

扩展探究

特征离散化（或分箱）是机器学习项目中常见的操作，例如 scikit-learn 中的某些算法，会自动对输入的数据进行离散化操作。请查阅更多的与特征离散化有关的资料，特别是了解工程实践中各种离散化方法的应用，例如 kaggle.com 提供的示例：https://www.kaggle.com/tilii7/ feature-discretization-less-is-better。

实现特征有监督离散化的第三方工具还有很多，例如：

- CAIM：https://github.com/airysen/caimcaim。
- Glmdisc：https://github.com/adimajo/glmdisc_python。

甚至还可以使用决策树分类算法实现（Discretisation Using Decision Trees，https://towardsdatascience.com/discretisation-using-decision-trees-21910483fa4b）。

3.6 数据规范化

本节使用"规范化"一词，包含对特征的"标准化"、"区间化"和"归一化"等操作。目前，数据科学领域内对这些术语的使用和术语含义没有达成一致观点，读者在查阅有关资料的时候会感觉概念比较混乱。本书做出如此规定，也是为了后续阐述更清晰。

基础知识

（1）标准化。

假设有两个学生，其某次考试的成绩如表 3-6-1 所示（括号里面的数字表示该学科满分）。

表 3-6-1 两个学生的成绩

姓名	数学（150 分）	物理（100 分）	化学（100 分）	总分
牛顿	135 分	78 分	69 分	282 分
麦克斯韦	120 分	80 分	80 分	280 分

根据这份成绩单，或许可以说牛顿的数学比麦克斯韦的数学好，但能不能说麦克斯韦的数学比他自己的物理更好呢？严格来说，数学成绩和物理成绩是不能比较的。总分是三个学科成绩的相加分数。这样做除直观外，也没有什么太充足的道理。

在数据科学项目中也经常遇到类似上述问题。不同的特征，因量纲的不同，导致数据的大小存在差异，从而权重就有所不同，故不能直接使用。

解决这个问题的方法之一就是计算特征中每个数据的标准分数，也称为 Z 分数，计算公式为：

$$x_{std}^{(i)} = \frac{x^{(i)} - \mu_x}{\sigma_x}$$

式中，μ_x 为该特征的平均值；σ_x 为该特征的标准差。因为这里使用了标准差，所以根据此公式实施的规范化也称为"标准差标准化"。

此公式并不复杂，完全可以凭借 Python 编程技能写一个函数。此项工作留给读者完成。下面介绍使用 scikit-learn 中提供的 StandardScaler 类实现"标准化"操作。

> 量纲是物理学术语，指物理量的基本属性。

```
In [1]: from sklearn import datasets
        from sklearn.preprocessing import StandardScaler
```

```
iris = datasets.load_iris()
iris_std = StandardScaler().fit_transform(
                                    iris.data) # ①
```

In[1] 使用了鸢尾花数据，①用 StandardScaler 类创建的标准化实例，并将数据标准化。

```
In [2]: iris['data'][:5]
Out[2]: array([[5.1, 3.5, 1.4, 0.2],
               [4.9, 3. , 1.4, 0.2],
               [4.7, 3.2, 1.3, 0.2],
               [4.6, 3.1, 1.5, 0.2],
               [5. , 3.6, 1.4, 0.2]])

In [3]: iris_std[:5]
Out[3]: array([[-0.90068117,  1.01900435, -1.34022653,
                -1.3154443 ],
               [-1.14301691, -0.13197948, -1.34022653,
                -1.3154443 ],
               [-1.38535265,  0.32841405, -1.39706395,
                -1.3154443 ],
               [-1.50652052,  0.09821729, -1.2833891 ,
                -1.3154443 ],
               [-1.02184904,  1.24920112, -1.34022653,
                -1.3154443 ]])
```

Out[2] 显示的是鸢尾花数据集中原有的前 5 个样本的数值，Out[3] 显示的是这 5 个样本经过标准化变换之后的 Z 分数。

经过标准化变换之后的数据集（In[1] 的①所得到的）各特征的平均值应该为 0，标准差是 1。

```
In [4]: import numpy as np
        np.mean(iris_std, axis=0)
Out[4]: array([-1.69031455e-15, -1.84297022e-15,
               -1.69864123e-15, -1.40924309e-15])

In [5]: np.std(iris_std, axis=0)
Out[5]: array([1., 1., 1., 1.])
```

在实践中，这样的数据集适用于多数机器学习算法，比如对数概率回归（logistic 回归）和 SVM 等。

回到前面的问题，如何比较不同学科的成绩？首先要计算每个学科成绩的标准分数，然后进行比较。从上述计算公式可以看出，因为标准分数是无量纲的，所以可以将各学科的标准分相加，从而得到反映综合能力的总分。

（2）区间化。

所谓区间化，是指特征的值经过变换后被限定在指定的区间。通常，会将特征的值限定在 0 ~ 1 的范围之内，为此要使用特征的最大值和最小值，于是将某特征的值区间化到 0 与 1 之间的变换称为 "Min-Max 标准化"，公式如下：

$$x_{\text{scaled}}^{(i)} = \frac{x^{(i)} - x_{\min}}{x_{\max} - x_{\min}}$$

从上面公式不难看出，经过此类区间化的值，也去掉了原有的量纲，并表示出每个数值与 $x_{\min}$ 的相对距离。

与特征标准化类似，在 scikit-learn 中由 MinMaxScaler 实现上述计算。

```
In [6]: from sklearn.preprocessing import MinMaxScaler
        iris_mm = MinMaxScaler().fit_transform(iris.data)
                                                                   # ②
        iris_mm[:5]
Out[6]: array([[0.22222222, 0.625     , 0.06779661,
                0.04166667],
               [0.16666667, 0.41666667, 0.06779661,
                0.04166667],
               [0.11111111, 0.5       , 0.05084746,
                0.04166667],
               [0.08333333, 0.45833333, 0.08474576,
                0.04166667],
               [0.19444444, 0.66666667, 0.06779661,
                0.04166667]])
```

In[6] 实现了对鸢尾花数据集的"Min-Max 标准化"操作，Out[6] 显示了前 5 条样本的结果，这些数值分布在 0 与 1 之间，请与 Out[3] 得到的"标准差标准化"的结果进行对比。

```
In [7]: np.mean(iris_mm, axis=0)
Out[7]: array([0.4287037 , 0.44055556, 0.46745763,
               0.45805556])

In [8]: np.std(iris_mm, axis=0)
Out[8]: array([0.22925036, 0.18100457, 0.29820408,
               0.31653859])
```

> 将 In[4]、In[5] 与 In[7]、In[8] 的结果进行比较，理解两种规范化的差别。

查看 MinMaxScaler 的官方文档（https://scikit-learn.org/stable/modules/generated/sklearn.preprocessing.MinMaxScaler.html），发现它并非仅支持前述的简单应用。在 MinMaxScaler 的参数中，feature_range=(0, 1) 是务必要关注的。In[6] 的②其实是使用了此参数的默认值，即将特征值区间化到 0 与 1 之间，所实现的数学公式就如前面所示那样。但这仅仅是默认值，feature_range 还可以用于指定其他区间，假设区间化到 (a, b) 范围（任意两个数的区间，a 表示较小的数，b 表示较大的数），就会按照下面的数学表达式进行计算了。

$$x_{\text{scaled}}^{(i)} = \frac{x^{(i)} - x_{\min}}{x_{\max} - x_{\min}}(b - a) + a$$

如此，就扩展了 MinMaxScaler 模块的应用范围，并且也更正了一些错误

> 不能把MinMax-Scaler的作用说成"归一化"。

认识。

在 scikit-learn 中，还有一个与 MinMaxScaler 功能类似的类 RobustScaler，从类的名称上可以推想，这个类应该更具有"鲁棒性"（稳健性）。此类特征缩放所执行的数学公式是：

$$x_{\text{nor}}^{(i)} = \frac{x^{(i)} - Q_1(x)}{Q_3(x) - Q_1(x)}$$

此公式比前述的"Min-Max 标准化"具有更广泛的适用性。

> robust，表示"稳健"，音译"鲁棒"。

在类 RobustScaler 的参数中，quantile_range=(25.0, 75.0) 是默认值，用来规定了数学公式中的 $Q_1(x)$=25.0（25%）和 $Q_3(x)$=75.0（75%），也就是将特征值区间化到四分位距（IQR，参阅 2.4 节）内。这是在默认情况下，当然可以根据实际需要修改参数 quantile_range 的值。

为了对特征缩放的效果进行比较，请看下面的示例（本示例参考资料：http://benalexkeen. com/feature-scaling-with-scikit-learn/）。

```
In [9]: import pandas as pd
        X = pd.DataFrame({
            'x1': np.concatenate([
                np.random.normal(20, 1, 1000),
                np.random.normal(1, 1, 25)]),
            'x2': np.concatenate([
                np.random.normal(30, 1, 1000),
                np.random.normal(50, 1, 25)]),
        })
        X.sample(10)
Out[9]:
              x1         x2
        536   20.374420  29.509797
        782   19.429937  27.710426
        589   20.885639  29.476809
        253   18.750128  30.917250
        694   19.901890  28.650109
        426   21.442747  30.647364
        946   20.393585  30.062936
        419   20.094849  30.124981
        861   18.872694  30.415502
        165   20.020236  31.924463
```

这里创建了数据集 X，它有两个特征，相对于特征 x1 而言，特征 x2 的数据有更大的数据变化范围——方差较大。

```
In [10]: np.std(X, axis=0)
Out[10]: x1    3.090077
         x2    3.216460
         dtype: float64
```

对 X 数据集分别用类 MinMaxScaler 和 RobustScaler 进行区间化。

```
In [11]: from sklearn.preprocessing
                    import RobustScaler, MinMaxScaler
         robust = RobustScaler()
         robust_scaled = robust.fit_transform(X)
         robust_scaled = pd.DataFrame(robust_scaled,
                                    columns=['x1', 'x2'])

         minmax = MinMaxScaler()
         minmax_scaled = minmax.fit_transform(X)
         minmax_scaled = pd.DataFrame(minmax_scaled,
                                    columns=['x1', 'x2'])
```

为了直观地比较缩放的效果，再分别对三种数据以可视化的方式表示它们的分布。

```
In [12]: %matplotlib inline
         import matplotlib.pyplot as plt
         import seaborn as sns

         fig, (ax1, ax2, ax3)=plt.subplots(ncols=3,
                                         figsize=(9, 5))

         ax1.set_title('Before Scaling')
         sns.kdeplot(X['x1'], ax=ax1)
         sns.kdeplot(X['x2'], ax=ax1)

         ax2.set_title('After Robust Scaling')
         sns.kdeplot(robust_scaled['x1'], ax=ax2)
         sns.kdeplot(robust_scaled['x2'], ax=ax2)

         ax3.set_title('After Min-Max Scaling')
         sns.kdeplot(minmax_scaled['x1'], ax=ax3)
         sns.kdeplot(minmax_scaled['x2'], ax=ax3)
Out[12]: <matplotlib.axes._subplots.AxesSubplot at
         0x1293139e8>
```

观察 Out[12] 的输出结果,并且互相比较,了解不同区间化方法的差异。

(3)归一化。

假设有数据 [3, 4],将其归一化:

$$\frac{3}{\sqrt{3^2 + 4^2}} = 0.6, \quad \frac{4}{\sqrt{3^2 + 4^2}} = 0.8$$

结果是 [0.6, 0.8]。

在 scikit-learn 中有支持实现这种归一化操作的类 Normalizer。

```
In [13]: from sklearn.preprocessing import Normalizer
         norma = Normalizer()        # ③
         norma.fit_transform([[3, 4]])
Out[13]: array([[0.6, 0.8]])
```

从输出结果来看,与前述计算结果一致。值得关注的是③,在创建归一化模型(实例化)的时候,其实有一个很重要的参数 norm,其默认值是 norm='l2'(注意,l 是字母 L 的小写,不是整数 1),意思是按照 L2 范数进行归一化。此外,还可以 norm='l1',按照 L1 范数归一化。

> 范数 (norm) 是数学中的基本概念,它包括向量范数和矩阵范数。L-P 范数不是一组范数,P 取不同的值,范数不同,例如 P=2 时,此时的范数即欧氏距离,空间中到原点的欧氏距离为 1 的点构成球面。

```
In [14]: norma1 = Normalizer(norm='l1')
         norma1.fit_transform([[3, 4]])
Out[14]: array([[0.42857143, 0.57142857]])
```

如果将 In[14] 的计算过程用数学公式表示:

$$\frac{3}{|3|+|4|} = 0.42857, \quad \frac{4}{|3|+|4|} = 0.57143$$

请注意比较以上分别依据 L1 和 L2 范数归一化的方法。

除了以上两个值,norm 参数的也能设置为 norm='max',其含义是依据向量中的最大值进行归一化。

```
In [15]: norma_max = Normalizer(norm='max')
         norma_max.fit_transform([[3, 4]])
Out[15]: array([[0.75, 1.   ]])
```

请读者特别注意,利用 Normalizer 实施的"归一化"与 MinMaxScaler 所实施的"(0,1)区间化"虽然都是将数值经过缩放变换到 0~1 的范围,但是两者还是有很大差别的,下面的示例就展示了其间的差别(本示例参考:http://benalexkeen.com/feature-scaling-with-scikit-learn/)。

> 利用 matplotlib 绘制三维图像。

```
In [16]: from mpl_toolkits.mplot3d import Axes3D
         df = pd.DataFrame({
             'x1': np.random.randint(-100, 100, 1000)\
                                     .astype(float),
             'y1': np.random.randint(-80, 80, 1000)\
                                     .astype(float),
             'z1': np.random.randint(-150, 150, 1000)\
```

```
                                    .astype(float),
            })

    scaler = Normalizer()
    scaled_df = scaler.fit_transform(df)
    scaled_df = pd.DataFrame(scaled_df,
                            columns=df.columns)

    fig = plt.figure(figsize=(9, 5))
    ax1 = fig.add_subplot(121, projection='3d')
    ax2 = fig.add_subplot(122, projection='3d')
    ax1.scatter(df['x1'], df['y1'], df['z1'])
    ax2.scatter(scaled_df['x1'],
                scaled_df['y1'],
                scaled_df['z1'])
Out[16]: <mpl_toolkits.mplot3d.art3d.Path3DCollection at
         0x1297ecf60>
```

在 In[16] 中创建的数据集有三个特征，本来在三维空间中分布的数据，经过归一化（L2 范数）之后，将所有点都集中到一个圆球范围内。如果利用 MinMaxScaler 将这些数据区间化到 (0，1) 范围，会怎样？

```
In [17]: scaler = MinMaxScaler()
    scaled_df = scaler.fit_transform(df)
    scaled_df = pd.DataFrame(scaled_df,
                            columns=df.columns)

    fig = plt.figure(figsize=(9, 5))
    ax1 = fig.add_subplot(121, projection='3d')
    ax2 = fig.add_subplot(122, projection='3d')
    ax1.scatter(df['x1'], df['y1'], df['z1'])
    ax2.scatter(scaled_df['x1'],
                scaled_df['y1'],
                scaled_df['z1'])
```

```
Out[17]: <mpl_toolkits.mplot3d.art3d.Path3DCollection at
         0x1299de390>
```

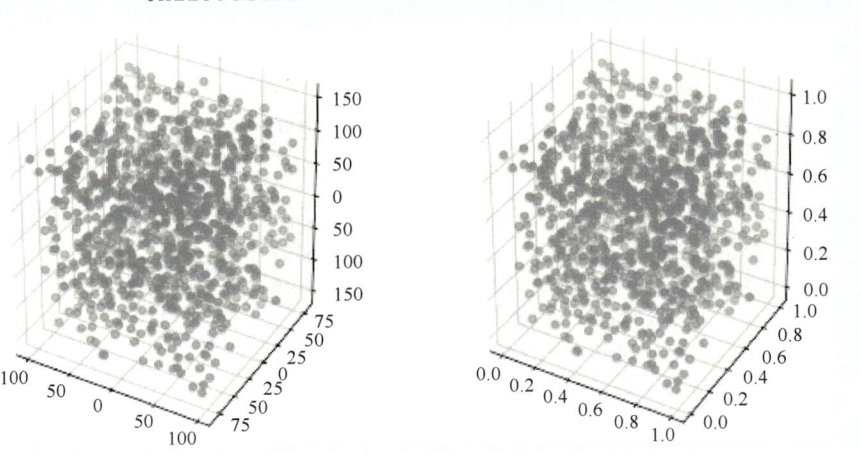

Out[17] 右边的图示表示了经过区间化之后，数据在空间的分布。与 Out[16] 右边的图示（归一化后的数据空间分布）比较，其差异不难发现。

因此，"归一化"和"区间化"是有本质区别的（很多资料对此有误解，请读者在阅读的时候要心知肚明）。

表 3-6-2 对本节三种数据规范化方法进行了比较，供读者参考。

表 3-6-2 比较不同的数据规范化方法

类型	Sklearn 的类	说明
区间化	MinMaxScaler	保留原始值的分布特点，默认值是区间化到 0~1，还可以指定到任何其他区间
	RobustScaler	将所有值区间化到四分位距内，这样能消除异常值的影响。通常，其数值分布区域大于 MinMaxScaler（默认参数）和 StandardScaler 的结果
标准化	StandardScaler	将特征值规范化到接近正态分布，最终所得数据的标准差为 1（方差也等于 1）。如果存在异常值，在经过标准化后，其影响程度也被降低
归一化	Normalizer	以 L1 或 L2 范数对所有数值进行变换。注意，是以样本（行）为单位，不是以特征（列）为单位进行 L1 或 L2 计算

项目案例

1. 项目描述

读取数据集 "/winemag/wine_data.csv" 的前三个特征（"Class_label" "Alcohol" "Malic_acid"），并对特征 "Alcohol" "Malic_acid" 的数据分别进行标准化和最小、最大区间化操作，然后用图示的方式比较原始数据和规范化后的数据分布。

2. 实现过程

```
In[18]: import pandas as pd
        import numpy as np
        path = "/Users/qiwsir/Documents/Codes/DataSet"
        df = pd.read_csv(path + "/winemag/wine_data.csv",
                         usecols=[0,1,2])
        df.head()
Out[18]:
           Class_label    Alcohol    Malic_acid
        0       1          14.23       1.71
        1       1          13.20       1.78
        2       1          13.16       2.36
        3       1          14.37       1.95
        4       1          13.24       2.59
```

> 请参阅 pd.read_csv 帮助文档。

在 In[18] 中读取 CSV 文件的函数 pd.read_csv 中比以往多了参数 usecols=[0,1,2]，意思是只取得数据集的第 0 列、第 1 列、第 2 列数据，即"项目描述"中要求的"Class_label"、"Alcohol"和"Malic_acid"这三个特征。

```
In [19]: from sklearn.preprocessing import StandardScaler
         from sklearn.preprocessing import MinMaxScaler

         std_scaler = StandardScaler()
         df_std = std_scaler.fit_transform(
                         df[['Alcohol',
                             'Malic_acid']]
                         )

         mm_scaler = MinMaxScaler()
         df_mm = mm_scaler.fit_transform(
                         df[['Alcohol',
                             'Malic_acid']]
                         )
```

In[19] 的 df_std 和 df_mm 分别为经过标准化、区间化之后的数据集。

```
In [20]: %matplotlib inline

         import matplotlib.pyplot as plt

         plt.figure(figsize=(8, 6))
         plt.scatter(df['Alcohol'],
                     df['Malic_acid'],
                     color='green',
                     label='input scale',
                     alpha=0.5)       # ③

         plt.scatter(df_std[:,0],
                     df_std[:,1],
                     color='black',
```

> 可视化是展示结果的最好方法。

```python
                    label='Standardized',
                    alpha=0.3)      # ④

        plt.scatter(df_mm[:,0], df_mm[:,1],
                    color='blue',
                    label='min-max scaled',
                    alpha=0.3)      # ⑤

        plt.title('Alcohol and Malic Acid content of
                    the wine dataset')
        plt.xlabel('Alcohol')
        plt.ylabel('Malic Acid')
        plt.legend(loc='upper left')
        plt.grid()

        plt.tight_layout()
        # 输出图像
```

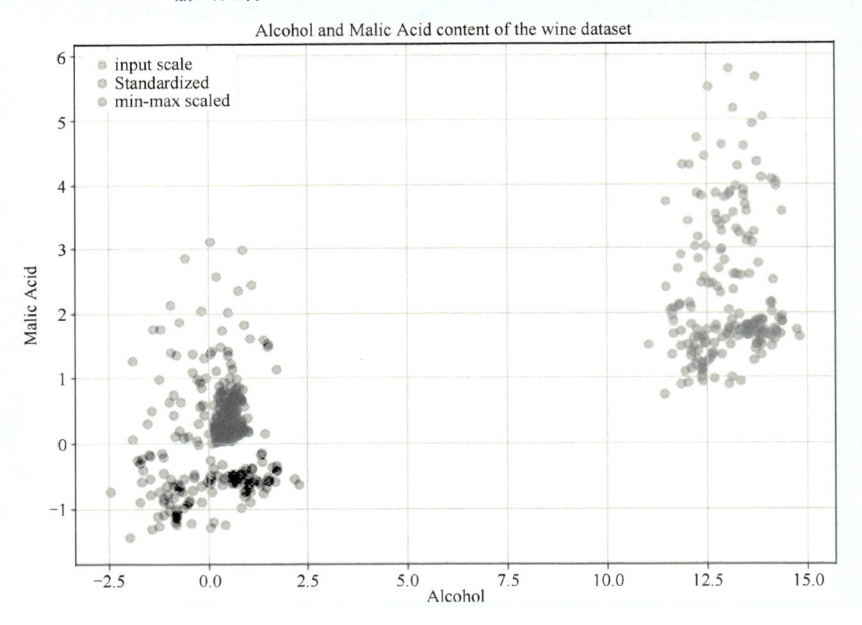

In[20] 的③、④、⑤分别绘制了特征"Alcohol"和"Malic_acid"的原始数据、标准化数据、区间化数据的散点图。

动手练习

读取"/body-information/500_Person_Gender_Height_Weight_Index.csv"数据,并对其中的"Height"和"Weight"特征进行本节的各项数据规范化操作。

扩展探究

本节学习了常见的三种数据规范化方法,在实践项目中或许还会遇到其他方法，比如小数定标规范化、中心化等。另外，不同的学科范畴可能会有独特的规范化要求。建议读者通过阅读有关资料，扩展对数据规范化的认识。建议查询以下关键词。

- 数据规范化、归一化、标准化。
- feature scaling、normalization、Standardization。

scikit-learn 是机器学习常用的库，它的好处之一是：多数算法程序会根据本算法对数据的要求进行某些数据规范化操作（或者其他特征工程操作）。但是，这并不意味着可以省略特征工程。scikit-learn 的算法程序为了提高程序的稳健性，必须对数据集做相应的特征工程操作——这个世界上，总会有不按照规范操作的工程师。

第 4 章 特征选择

经过"数据清理"和"特征变换"后的数据集，已经满足了数据科学项目中算法对数值的基本要求。但是，不能止步于此，数据集的特征数量、质量会影响计算效率和最终模型的预测、分类效果。所以要对特征进行选择，即根据具体的项目选择适合的特征。

第 4 章知识结构如图 4-0-0 所示。

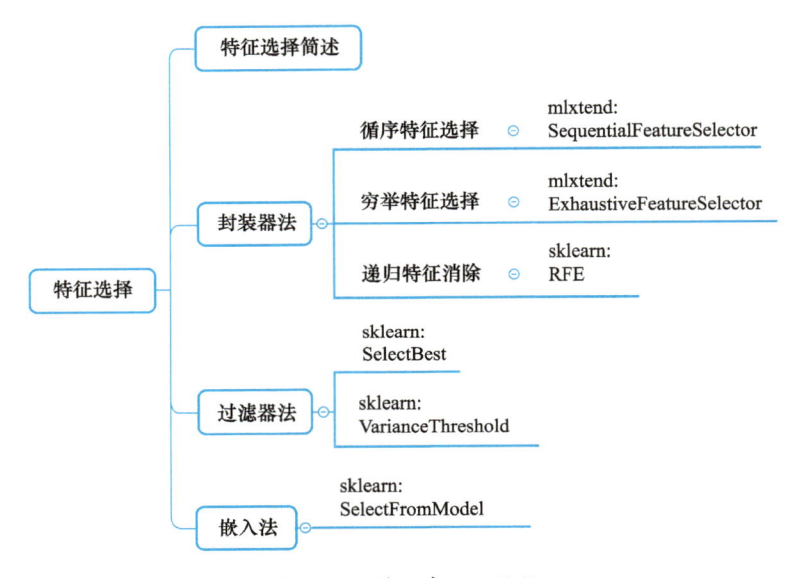

扫描二维码，获得本章学习资源

图 4-0-0 第 4 章知识结构

4.0 特征选择简述

在 2.0 节介绍名词的时候提到了"特征"和"维"，都是指二维数据的"列"。是不是维度越大的数据就越好？是不是所有的维度都是必需的？请读者借助下面的示例思考这些问题。

```
In [1]: import pandas as pd
        path = "/Users/qiwsir/Documents/Codes/DataSet"
        f = "/winemag/wine_data.csv"
        df_wine = pd.read_csv(path + f)
```

依据机器学习的一般流程，把数据集划分为训练集和测试集，并且对测试集和训练集分别实现特征标准化。

```
In [2]: from sklearn.model_selection 
                            import train_test_split
        from sklearn.preprocessing import StandardScaler
        X = df_wine.iloc[:, 1:]
        y = df_wine.iloc[:, 0].values
        X_train, X_test, y_train, y_test = 
                       train_test_split(
                              X, y,
                              test_size=0.3,
                              random_state=0,
                              stratify=y,
                              )

        std = StandardScaler()
        X_train_std = std.fit_transform(X_train)
        X_test_std = std.fit_transform(X_test)
```

> 通常，数据集可以划分为训练集和测试集。在训练集中，如有必要，可以再分出一部分数据作为验证集。

以特征"Class_label"为标签，建立对数概率回归（logistic 回归）模型，寻找另外 13 个特征与标签之间的关系。

```
In [3]: from sklearn.linear_model import LogisticRegression
        lr = LogisticRegression(penalty='l1', C=1.0)    # ①
        lr.fit(X_train_std, y_train)
Out[3]: LogisticRegression(C=1.0,
                           class_weight=None,
                           dual=False,
                           fit_intercept=True,
                           intercept_scaling=1,
                           max_iter=100,
                           multi_class='warn',
                           n_jobs=None,
                           penalty='l1',
                           random_state=None,
                           solver='warn',
                           tol=0.0001,
                           verbose=0,
                           warm_start=False)

In [4]: lr.coef_
Out[4]:
array([[ 1.24595208,  0.18045386,  0.74493322, -1.16248582,
         0.        ,  0.        ,  1.16551534,  0.        ,
         0.        ,  0.        ,  0.        ,  0.55148728,
         2.50977545],
       [-1.53740631, -0.38695187, -0.99522081,  0.36452225,
        -0.05939888,  0.        ,  0.66788482,  0.        ,
         0.        , -1.93397471,  1.23427258,  0.        ,
        -2.23194283],
       [ 0.13507944,  0.16933305,  0.35767273,  0.        ,
         0.        ,  0.        , -2.43409026,  0.        ,
```

> 请总结利用 scikit-learn 中的类实现机器学习算法的基本流程。

```
                0.        ,  1.56292048, -0.81770921, -0.49684005,
                0.        ]])

In [5]: lr.intercept_
Out[5]: array([-1.26355525, -1.21616094, -2.37076882])
```

Out[4] 输出的是 13 个特征的系数（权重），输出结果显示，对于 In[3] 所创建的模型 lr 而言，有的特征的系数为 0，说明这类特征与预测结果无关。

如果认真观察上述示例，会发现在 In[3] 的①创建对数概率回归（logistic 回归）模型的时候，使用了参数 penalty='l1' 和 C=1.0，这意味着在本模型中遵照此规则增加了惩罚项，其意图就是避免训练得到的模型过拟合，也正是出于这个原因，模型舍弃了部分特征——表现出来就是系数为 0。

在机器学习项目中，过拟合是比较常见的现象，通常采取如下避免的方法：

- 要有足够多的训练集数据。例如，在 In[2] 中划分训练集和测试集数据时，没有"五五分"，而是让训练集的占原有数据集样本的比例大一些。
- 在模型中增加惩罚项，简化模型。例如，In[3] 的①为符合此要求的操作。
- 尽可能选用参数少的模型。
- 降低数据集的维度。

> "通常的方法"都是经验总结，不是"万能方法"，在项目实践中还应具体问题具体分析。

在实际项目中，会综合运用以上方法，并考虑每种方法的成本，比如获取足够多的数据，通常其成本比较高。其他方法则要视工程师的经验而定，比如"降低数据集的维度"（简称"降维"）。本章所介绍的特征选择，是实现降维的一种方式；第 5 章的特征抽取，与特征选择有本质区别，它是实现降维的另外一种方式。

特征选择（Feature selection），指去除数据集中冗余和无关的特征，从数据集中找出主要特征，最终得到的是原有特征的子集。因此，特征选择也称为"特征子集选择"。

用数学语言定义特征选择如下：

假设特征集合 $X = \{x_i | i=1,\cdots,N\}$，依据目标函数 $J(\cdot)$，选取特征子集 $Y_M(M<N)$，且 $J(Y) \geqslant J(T)$，（T 是任何 X 的子集）。

经过如此操作，就从数据集的原有特征中选择了特征子集，再用于机器学习中的预测、分类等计算，这样做不但能够缩短模型的训练时间，还因为特征数量减少了，使得模型更易于理解和解释。

如何实现特征选择？本章将介绍三类方法：封装器法、过滤器法和嵌入法。这些方法各有各的特色和适用领域，供读者在具体项目中选择应用。

4.1 封装器法

封装器（Wrapper）法的基本思路（如图 4-1-1 所示）是：
（1）选用一个特征子集训练模型。此处的"模型"通常是一种机器学习算法，也称为目标函数（Objective function）。
（2）用验证数据集对模型进行评估。
（3）依据某种搜索方式，对不同的特征子集进行上述操作。
（4）依据评估结果，选出相对最佳的特征子集。

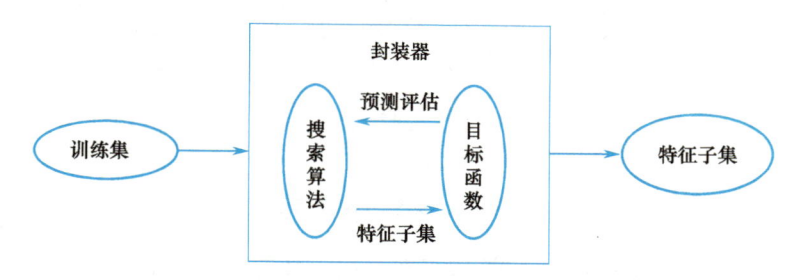

图 4-1-1　封装器法的基本思路

这种方法属于"贪心搜索算法（或"贪婪搜索算法"）"，其计算量比较大。理论上，原特征集合中的特征有多少种组合，都要经过目标函数评估，最终才能选择最佳的特征子集。如果真的这样做，在遇到特征数量多的数据集时，就会很麻烦了。针对特征子集的组合搜索问题，封装器法有下述三种常见的选择方式。

4.1.1 循序特征选择

1971 年，Whitney 提出了"循序向前/向后特征选择"[Whitney, A. W. (1971). *A direct method of nonparametric measurement selection*. IEEE Trans. Comput., 20(9), 1100-1103.]。循序向前选择的英文是 Sequential Forward Selection(SFS)。循序向后选择的英文是 Sequential Backward Selection(SBS)。

基础知识

下面以 SFS 为例，说明其实现步骤：
（1）创建一个空的集合 X，作为特征子集。
（2）从原特征集合中"一次挑选一个"——这就是"循序"的含义，与特征子集 X 中的特征组合，并使得目标函数（选定的某个机器学习模型）结果最佳（模型预测的误差最小）。
（3）将挑选出来的特征从原特征集合中移除，同时将其追加到 X 中。
（4）重复第（2）、第（3）步，直到集合 X 中的特征数量达到规定的数量为止，中止上述循环。

依据 SFS 的实现步骤，其所用的搜索算法可以用图 4-1-2 表示。

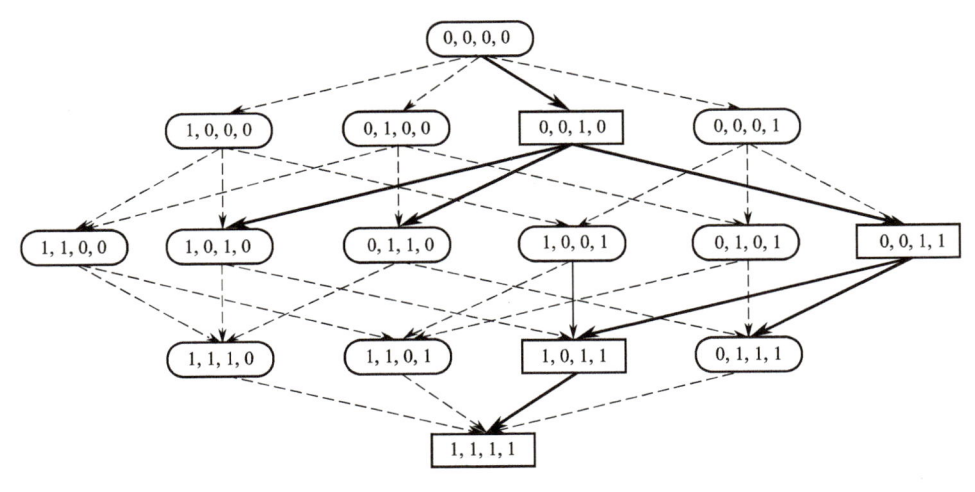

图 4-1-2　SFS 的搜索路径

显然，SFS 不是把所有可能都实现一遍，而是找到一种可能最优解即中止寻找。这样就大大降低了计算量。

本来，可以依据 SFS 的思想编写程序。但是，这个工作不需要我们做了，因为有一个名为 mlxtend 的第三方库提供了实现包括 SFS 的多种循序特征选择方法（官方网站：http://rasbt. github.io/mlxtend/）。

请读者从官网自行安装。

```
In [1]: from mlxtend.feature_selection
                import SequentialFeatureSelector as SFS
        from sklearn.neighbors import KNeighborsClassifier
        from mlxtend.data import wine_data
        from sklearn.model_selection
                    import train_test_split
        from sklearn.preprocessing import StandardScaler

        X, y = wine_data()
        X.shape
Out[1]: (178, 13)
```

mlxtend 也提供了数据集接口：http://rasbt.github.io/mlxtend/api_subpackages/mlxtend.data/。这里的 wind_data 数据集与 4.0 节中 In[1] 的相同。

mlxtend 中集成了几个数据集，这里使用关于葡萄酒的数据。X 有 13 个特征 178 个样本。y 是每个样本的标签，即每种葡萄酒的等级（共有 3 级，用整数 0，1，2 表示）。其中，X 的 13 个特征依次对应的名称是：

（1）Alcohol。
（2）Malic acid。
（3）Ash。
（4）Alcalinity of ash。
（5）Magnesium。
（6）Total phenols。
（7）Flavanoids。

（8）Nonflavonoid phenols。
（9）Proanthocyanins。
（10）Color intensity。
（11）Hue。
（12）OD280/OD315 of diluted wines。
（13）Proline。
（参阅：https://archive.ics.uci.edu/ml/datasets/Wine。）

```
In [2]: X_train, X_test, y_train, y_test=
            train_test_split(X, y,
                             stratify=y,
                             test_size=0.3,
                             random_state=1)
        std = StandardScaler()
        X_train_std = std.fit_transform(X_train)

        knn = KNeighborsClassifier(n_neighbors=3)    # ①
        sfs = SFS(estimator=knn,       # ②
                  k_features=4,
                  forward=True,
                  floating=False,
                  verbose=2,
                  scoring='accuracy',
                  cv=0)
        sfs.fit(X_train_std, y_train)
        # 输出日志信息
[Parallel(n_jobs=1)]: Using backend SequentialBackend with
1 concurrent workers.
[Parallel(n_jobs=1)]: Done   1 out of   1 | elapsed:
0.0s remaining:    0.0s
[Parallel(n_jobs=1)]: Done  13 out of  13 | elapsed:
0.0s finished

[2019-04-04 16:33:14] Features: 1/4 -- score:
0.8629032258064516[Parallel(n_jobs=1)]: Using backend
SequentialBackend with 1 concurrent workers.
[Parallel(n_jobs=1)]: Done   1 out of   1 | elapsed:
0.0s remaining:    0.0s
[Parallel(n_jobs=1)]: Done  12 out of  12 | elapsed:
0.0s finished

[2019-04-04 16:33:14] Features: 2/4 -- score:
 0.9596774193548387[Parallel(n_jobs=1)]: Using backend
 SequentialBackend with 1 concurrent workers.
[Parallel(n_jobs=1)]: Done   1 out of   1 | elapsed:
0.0s remaining:    0.0s
[Parallel(n_jobs=1)]: Done  11 out of  11 | elapsed:
0.0s finished
```

```
[2019-04-04 16:33:14] Features: 3/4 -- score:
0.9919354838709677[Parallel(n_jobs=1)]: Using backend
SequentialBackend with 1 concurrent workers.
[Parallel(n_jobs=1)]: Done    1 out of    1 | elapsed:
0.0s remaining:    0.0s
[Parallel(n_jobs=1)]: Done   10 out of   10 | elapsed:
0.0s finished

[2019-04-04 16:33:14] Features: 4/4 -- score:
0.9838709677419355

Out[2]: SequentialFeatureSelector(clone_estimator=True,
        cv=0, estimator=KNeighborsClassifier(
        algorithm='auto', leaf_size=30, metric='minkowski',
        metric_params=None, n_jobs=None, n_neighbors=3,
        p=2, weights='uniform'), floating=False,
        forward=True, k_features=4, n_jobs=1,
        pre_dispatch='2*n_jobs', scoring='accuracy',
        verbose=2)
```

> 因版面所限，此处显示的输出信息和 Out[2] 内容在形式上与调试结果略有差异，请读者以调试结果为准。

In[2] 利用 scikit-learn 的 StandardScaler 对数据集中的特征标准化，而后创建 knn 模型（如①），用作② SFS 的目标函数。

In[2] 的②为 mlxtend 提供的循序特征选择类 SequentialFeatureSelector（引入的时候更名为 SFS）的实例，可以理解为创建本节所说的"封装器"。

- estimator=knn：也可以直接写 knn。封装器内的目标函数一般为分类或回归算法。
- k_features=4：通过循序特征选择方法选择 4 个最佳特征，即共有 10 个组合（特征子集中有 m 个特征，则共有 $\frac{m(m+1)}{2}$ 个组合）。
- forward=True：声明此次使用的是循序向前特征选择，如果设置为 False，则为循序向后特征选择。
- floating=False：默认值为 False。如果为 True，则意味着启用所谓"浮动选择算法"。
- verbose=2：设置为 2，表示要输出训练过程的全部日志信息；如果为 0，则不显示；如果为 1，则显示当前特征集合中的 1 个特征信息。
- scoring='accuracy'：对模型的评估方法。
    - 对于分类模型，可选值有 accuracy、f1、precision、recall、roc_auc。
    - 对于回归模型，可选值有 mean_absolute_error、mean_squared_error、neg_mean_squared_error、median_absolute_error、r2。

In[2] 使用的 knn 是一个分类模型。

- cv=0：设置为 0，表示不进行交叉验证。默认值是 5，表示要进行交叉验证，将训练集分为 5 份，4 份用于训练（训练集），1 份用于验证（验证集）。

除了上述参数，在 SFS 类中还可以有参数 n_jobs、pre_dispatch、clone_estimator，相关解释请参考官方文档（http://rasbt.github.io/mlxtend/api_subpackages/ mlxtend.feature_selection/#sequentialfeatureselector）。

再仔细查看 In[2] 执行过程中输出的日志信息（为了简化，仅以时间代表该条日志信息）。

> 官方文档有对所有参数最详细的描述，是学习者应该阅读的重要资料。

（1）[2019-04-04 16:33:14]，从 13 个特征中选择了一个最佳的特征，并将其加入空集合中，同时从原来的 13 个特征集合中删除此特征。根据 scoring 参数所设定的评估方法，此特征对于模型 knn 得分为 0.86（score: 0.8629032258064516）。

（2）[2019-04-04 16:33:14]，从 12 个特征中选一个，与上一步所选择的特征组合之后，模型 knn 的得分最高者胜出（score: 0.9596774193548387）。

（3）[2019-04-04 16:33:14]，从 11 个特征中选一个，依照前述原则评估模型（score: 0.9919354838709677）。

（4）[2019-04-04 16:33:14]，从 10 个特征中选一个，依照前述原则评估模型（score: 0.9838709677419355）。因为参数 k_features=4 规定了最多选出 4 个特征，所以到此结束选择。

通过输出的日志信息可以很明确地看出，当选择 3 个特征的时候，模型 knn 表现最好。

```
In [3]: sfs.subsets_
Out[3]: {1: {'feature_idx': (6,),
         'cv_scores': array([0.86290323]),
         'avg_score': 0.8629032258064516,
         'feature_names': ('6',)},
        2: {'feature_idx': (6, 9),
         'cv_scores': array([0.95967742]),
         'avg_score': 0.9596774193548387,
         'feature_names': ('6', '9')},
        3: {'feature_idx': (6, 9, 11),
         'cv_scores': array([0.99193548]),
         'avg_score': 0.9919354838709677,
         'feature_names': ('6', '9', '11')},
        4: {'feature_idx': (6, 8, 9, 11),
         'cv_scores': array([0.98387097]),
         'avg_score': 0.9838709677419355,
         'feature_names': ('6', '8', '9', '11')}}
```

In[3] 利用 sfs 的属性 subsets_ 得到了每次选择出来的特征及其相应的评估分数，'feature_names' 表示特征名称。

除了循序向前选择（SFS），还有循序向后选择（SBS）。SBS 的基本含义是先将所有特征纳入特征子集中，然后从中选出一个特征，并评估特征子集。当得到最优特征子集之后，把选出的特征移除。如此不断循环，直到最后达到规定的特征数量为止。从实施的方法上，SBS 就是将 In[2] 的②中的参数

forward 设置为 False 即可。

项目案例

1. 项目描述

SFS 和 SBS 都是简单的特征选择方法，在 In[2] 输出的日志信息中可以看出，因为并没有穷尽所有的特征组合，所选出来的特征不一定是最优的组合，只是按照顺序进行组合，这样做避免了"穷举"导致的计算量过大问题。但是，如何找到"最佳的次优"组合？

2. 实现过程

```
In [4]: knn = KNeighborsClassifier(n_neighbors=3)
        sfs1 = SFS(estimator=knn,        # ③
                   k_features=4,
                   forward=True,
                   floating=True,        # SFFS
                   verbose=2,
                   scoring='accuracy',
                   cv=0)
        sfs1.fit(X_train_std, y_train)
        # 输出日志信息（只显示一部分）
[Parallel(n_jobs=1)]: Using backend SequentialBackend
with 1 concurrent workers.
[Parallel(n_jobs=1)]: Done   1 out of   1 | elapsed:
0.0s remaining:     0.0s
[Parallel(n_jobs=1)]: Done  13 out of  13 | elapsed:
0.0s finished
      ......
[2019-04-04 17:28:04] Features: 4/4 -- score:
 0.9838709677419355

Out[4]: SequentialFeatureSelector(clone_estimator=True,
        cv=0,estimator=KNeighborsClassifier(
        algorithm='auto',leaf_size=30, metric='minkowski',
        metric_params=None, n_jobs=None, n_neighbors=3,
        p=2, weights='uniform'), floating=False,
        forward=True, k_features=4, n_jobs=1,
        pre_dispatch='2*n_jobs', scoring='accuracy',
        verbose=2)
```

虽然这里出于篇幅的原因，省略了 In[4] 执行过程中的部分日志信息，但特别建议读者在调试的时候将 In[4] 和 In[2] 输出的日志信息进行对比。

In[4] 的③参数设置不同于 In[2] 的②，区别在于 floating=True。③的设置，就让 In[4] 的 SFS 成为"循序向前浮动选择（Sequential Forward Floating Selection，SFFS）"，这是在原有"循序向前选择"基础上的优化，详细内容可以参阅：http://library.utia.cas.cz/separaty/historie/somol-floating%20search%20

methods%20in%20feature%20selection.pdf）。

为了更直观地观察特征选择的结果，可以绘制特征子集与模型评分之间的关系图。

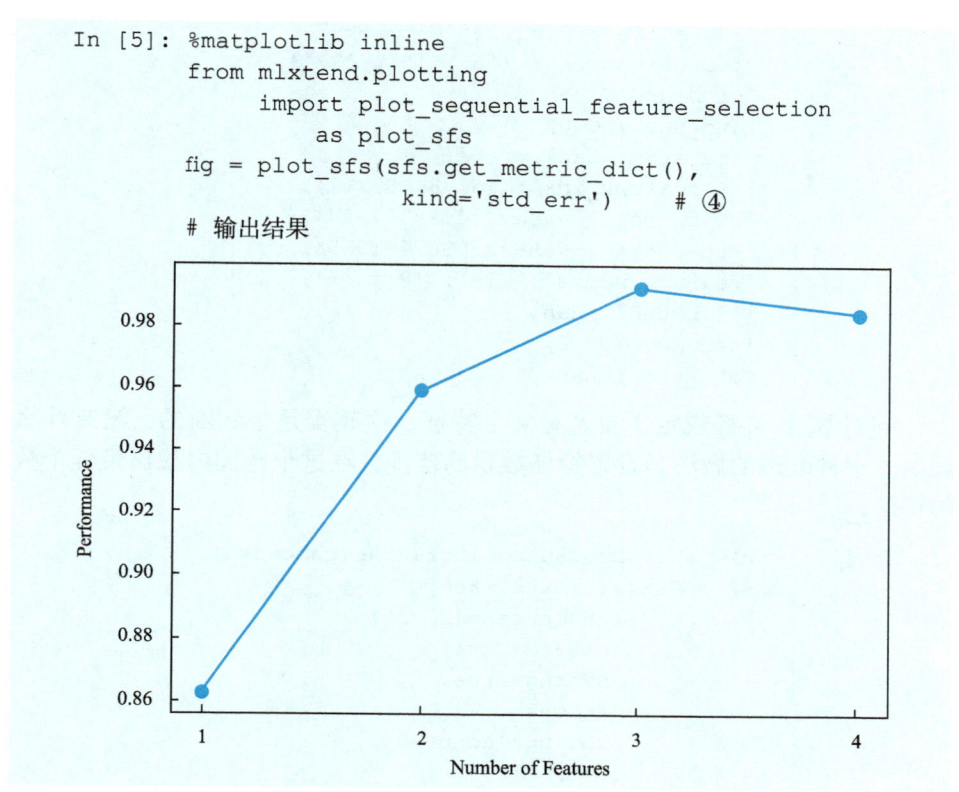

```
In [5]: %matplotlib inline
        from mlxtend.plotting
            import plot_sequential_feature_selection
                as plot_sfs
        fig = plot_sfs(sfs.get_metric_dict(),
                       kind='std_err')        # ④
# 输出结果
```

In[5] 使用 mlxtend 提供的可视化方法，让操作简单了很多。注意，因为它继承了 matplotlib，所以要在代码块的第 1 行写上 "%matplotlib inline"，才能将图示结果插入当前浏览器中。

In[5] 的 ④ 使用的 sfs.get_metric_dict()，是以字典的方式返回利用 knn 模型对特征子集各个特征组合进行评估的结果。

```
In [6]: sfs.get_metric_dict()
Out[6]: {1: {'feature_idx': (6,),
             'cv_scores': array([0.86290323]),
             'avg_score': 0.8629032258064516,
             'feature_names': ('6',),
             'ci_bound': nan,
             'std_dev': 0.0,
             'std_err': nan},
         2: {'feature_idx': (6, 9),
             'cv_scores': array([0.95967742]),
             'avg_score': 0.9596774193548387,
             'feature_names': ('6', '9'),
             'ci_bound': nan,
```

```
      'std_dev': 0.0,
      'std_err': nan},
   3: {'feature_idx': (6, 9, 11),
      'cv_scores': array([0.99193548]),
      'avg_score': 0.9919354838709677,
      'feature_names': ('6', '9', '11'),
      'ci_bound': nan,
      'std_dev': 0.0,
      'std_err': nan},
   4: {'feature_idx': (6, 8, 9, 11),
      'cv_scores': array([0.98387097]),
      'avg_score': 0.9838709677419355,
      'feature_names': ('6', '8', '9', '11'),
      'ci_bound': nan,
      'std_dev': 0.0,
      'std_err': nan}}
```

In[2] 和 In[4] 都规定了要选择 4 个特征，这其实是很武断的，没有什么理由。一种改进的做法是设置特征数量的范围，在这个范围内找出最佳个数的特征。

```
In [7]: knn = KNeighborsClassifier(n_neighbors=3)
        sfs2 = SFS(estimator=knn,       # ⑤
                   k_features=(3, 10),
                   forward=True,
                   floating=True,
                   verbose=0,
                   scoring='accuracy',
                   cv=5)
        sfs2.fit(X_train_std, y_train)
        fig = plot_sfs(sfs2.get_metric_dict(),
                       kind='std_err')
        # 输出结果
```

观察图示，比较不同特征数量的模型表现。

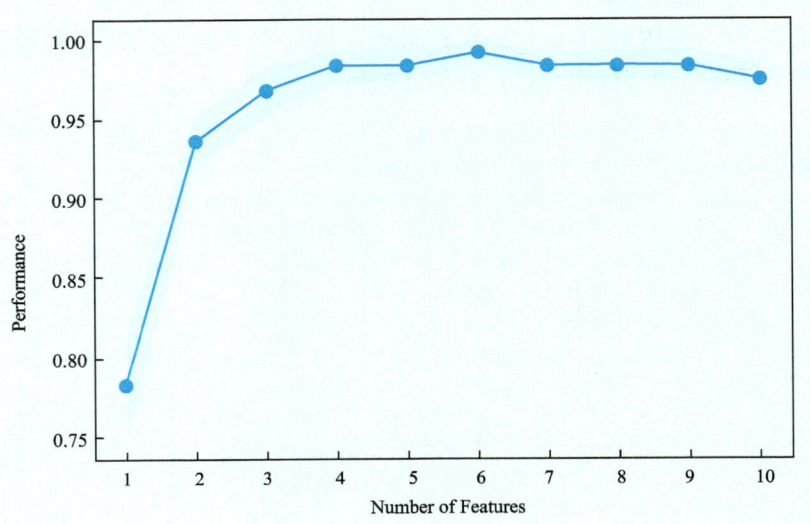

In[7] 的 ⑤ 依然采用 SFFS 方法，与 In[2] 和 In[4] 的区别在于参数 k_features=(3, 10)，表示特征子集中的特征数量为 3 ~ 10 个。从输出结果中可以明显看出，当特征子集中有 6 个特征时，显然模型表现最佳，以下为这 6 个特征的详细信息。

```
In [8]: sfs2.subsets_[6]
Out[8]: {'feature_idx': (0, 3, 6, 9, 10, 12),
         'cv_scores': array([0.96153846, 1.        , 1.        ,
                             1.        , 1.        ]),
         'avg_score': 0.9923076923076923,
         'feature_names': ('0', '3', '6', '9', '10', '12')}
```

动手练习

在"项目案例"的演示中，使用 knn 分类算法作为目标函数。如果改用某种回归算法，效果如何？并从"/kaggle/housprice.csv"数据集中选择出"10 佳"特征。

此处所得到的特征子集，将被应用到 4.1.2 节中。

扩展探究

本节仅对循序特征选择的实践操作给予简要介绍，没有从理论上对其进行论述。建议读者参考有关文献，了解相关理论，以便更有助于提升对此种特征选择方法的理解。参考资料：

- Sequential forward feature selection with low computational cost，http://citeseerx.ist.psu.edu/viewdoc/download?doi=10.1.1.378.6843&rep=rep1&type=pdf。
- An Introduction to Variable and Feature Selection，http://jmlr.csail.mit.edu/papers/volume3/guyon03a/guyon03a.pdf。

4.1.2 穷举特征选择

穷举特征选择（Exhaustive Feature Selection）指封装器中搜索算法先将所有特征组合都实现一遍，然后通过比较各种特征组合后的模型表现，从中选择出最佳的特征子集。比如有 4 个特征，就会出现 15 种（2^4-1）组合方式（m 个特征，就会有 2^m-1 种组合）：

- 1 个特征→4 种组合。
- 2 个特征→6 种组合。
- 3 个特征→4 种组合。
- 4 个特征→1 种组合。

（不同数量特征组合计算方法为 $\dfrac{n!}{r!(n-r)!}$，n 表示总的特征数量，r 表示当前特征数量，例 $n=4, r=1$。）

很显然，穷举特征选择必然耗费更大的计算量。因此，如果特征数量太大，则不划算。

基础知识

在 4.1.1 节的"动手练习"中获得了由"10 佳"特征组成的数据，下面利用此数据演示穷举特征选择的实现方法。

```
In [9]: import pandas as pd
        path = "/Users/qiwsir/Documents/Codes/DataSet"
        df = pd.read_csv(path + "/kaggle/housprice.csv")
        df.shape
Out[9]: (1460, 81)

In [10]: cols = list(df.select_dtypes(
                     include=['int64', 'float64']
                             ).columns)
         data = df[cols]
         X_train,X_test,y_train,y_test=
             train_test_split(
                     data.drop('SalePrice',axis=1),
                     data['SalePrice'],
                     test_size=.2,
                     random_state=1)
         X_train.fillna(0, inplace=True)    # 用 0 填充缺失值

         from sklearn.ensemble import RandomForestRegressor
         sfs3 = SFS(RandomForestRegressor(),
                    k_features=10,
                    forward=True,
                    verbose=0,
                    cv=5,
                    n_jobs=-1,
                    scoring='r2')
         sfs3.fit(X_train,y_train)
         sfs3.k_feature_names_
Out[10]: ('MSSubClass',
          'OverallQual',
          'YearBuilt',
          'YearRemodAdd',
          'BsmtFinSF1',
          'GrLivArea',
          'BsmtHalfBath',
          'Fireplaces',
          'GarageCars',
          'OpenPorchSF')

In [11]: mini_data = X_train[X_train \
                       .columns[list(sfs3.k_feature_idx_)]]
```

使用"随机森林回归算法"作为目标函数，此算法是机器学习中的重要算法。

至此，完成了 4.1.1 节的"动手练习"的求解。

```
            mini_data.shape
Out[11]: (1168, 10)
```

In[11]得到了一个只有10个特征的数据集，对它使用穷举法，从"10佳"中选出"5强"。

```
In [12]: import numpy as np
         from mlxtend.feature_selection
         import ExhaustiveFeatureSelector as EFS
         efs = EFS(RandomForestRegressor(),
                 min_features=1,
                 max_features=5,
                 scoring='r2',
                 n_jobs=-1)      # ⑥
         efs.fit(np.array(mini_data),y_train)
         mini_data.columns[list(efs.best_idx_)]
Out[12]: Index(['MSSubClass', 'OverallQual', 'OverallCond',
                'YearBuilt', 'GrLivArea'], dtype='object')
```

> EFS是穷举特征选择的"封装器"。

In[12]需要一段时间运行，最后输出了"5强"特征索引（特征名称）。⑥使用了来自 mlxtend 的穷举特征选择，其基本方法与前述的循序特征选择类似——很显然，穷举特征选择也是构建了一个封装器，在封装器里使用一种机器学习算法作为目标函数。

项目案例

1．项目描述

读取"/paribas/paribas_data.csv"数据，对数据集特征根据相关性做初步选择之后，运用穷举特征选择。

2．实现过程

```
In [13]: import pandas as pd
         import numpy as np
         path = "/Users/qiwsir/Documents/Codes/DataSet"
         f = "/paribas/paribas_data.csv"
         paribas_data = pd.read_csv(path + f, nrows=20000)
         paribas_data.shape
Out[13]: (20000, 133)
```

从 Out[13]可知，当前数据集共有133个特征，这些特征不都用于后面的计算。

```
In [14]: num_colums = ['int16', 'int32', 'int64',
                    'float16', 'float32', 'float64']# ⑦

         numerical_columns =
             list(paribas_data.select_dtypes(
                         include=num_colums
```

> 根据数据类型选择特征。

```
                                                      ).columns
                          )          # ⑧

             paribas_data = paribas_data[numerical_columns]
             paribas_data.shape
Out[14]: (20000, 114)
```

In[14] 也可以视为特征选择，只不过是根据指定的特征类型进行的选择。⑦定义了所有可能的数值类型，⑧使用 paribas_data.select_dtypes 方法，将特征符合⑦所定义类型的数据挑选出来，并得到该特征的名称。Out[16]结果显示，经过此轮选择之后，特征数量缩为 114 个。

```
In [15]: from sklearn.model_selection
         import train_test_split
         train_features, test_features, \
         train_labels, test_labels = train_test_split(
                  paribas_data.drop(labels=['target', 'ID'],
                                    axis=1),
                  paribas_data['target'],
                  test_size=0.2,
                  random_state=41)
```

> "target"和"ID"两个特征不作为自变量。
> "target"作为数据集样本的标签。

In[15] 对经过初步筛选之后的数据集进行训练集和测试集划分，这是机器学习项目的常用操作。

```
In [16]: correlated_features = set()
         correlation_matrix = paribas_data.corr()    # ⑨

         for i in range(len(correlation_matrix.columns)):
             for j in range(i):
                 if abs(correlation_matrix.iloc[i,j])>0.3:
                                                          # ⑩
                     colname=correlation_matrix.columns[i]
                     correlated_features.add(colname)

         train_features.drop(labels=correlated_features,
                             axis=1,
                             inplace=True)

         test_features.drop(labels=correlated_features,
                            axis=1,
                            inplace=True)

         train_features.shape, test_features.shape
Out[16]: ((16000, 10), (4000, 10))
```

In[16] 是将在 4.3 节中介绍的内容，这里为了完成本项目，不得不提前使用。⑨计算了数据集中各个特征之间的相关系数，并生成矩阵。在循环语句中，将相关系数大于 0.3 的特征选出来（如语句⑩所示），然后分别在测试集和训练集中将所选出的特征删除。相关系数就是筛选特征的标准。

按照⑩中的条件，最终得到了含有 30 个特征的数据集，如果调高数值，比如 0.8，会使所得数据集特征数量增加。特征数量越多，完成下面的穷举特征选择时间越长（本书在此处设置为 0.3，纯粹是为了学习方便，在实际项目中，这个相关系数太低了，根据经验，不应该低于 0.8，但如果是 0.8，会得到含有 57 个特征的数据集）。

```
In [17]: from mlxtend.feature_selection
           import ExhaustiveFeatureSelector
         from sklearn.ensemble
           import RandomForestClassifier
         from sklearn.metrics import roc_auc_score

         feature_selector = ExhaustiveFeatureSelector(
             RandomForestClassifier(n_jobs=-1),     # ⑪
             min_features=2,
             max_features=4,
             scoring='roc_auc',
             print_progress=True,
             cv=2)

         features = feature_selector.fit(
             np.array(train_features.fillna(0)),
             train_labels)

         filtered_features= train_features \
                     .columns[list(features.best_idx_)]

         filtered_features
Out[17]: Index(['v10', 'v38'], dtype='object')
```

> 以"随机森林分类算法"作为封装器目标函数。

In[17] 运用穷举特征选择，最终得到了两个特征。因为当前数据集各个特征都是分类数据，所以比较适合使用"随机森林分类算法"作为封装器目标函数（如⑪所示）。

动手练习

1. 尝试将"项目案例"中⑩的条件放宽到大于 0.8，然后进行后续的穷举根据特征选择。
2. 运用穷举特征选择，从鸢尾花数据集中选择最适合"随机森林分类算法"的特征。

扩展探究

mlxtend 的英文全称为 machine learning extensions（机器学习扩展），在它所提供的特征选择工具中还有一个名为 ColumnSelector 的类，建议有兴趣的读者可以自行通过其官方文档了解。

此外，mlxtend 还包含很多其他内容，如常用算法、评估方法、可视化方法等。

4.1.3 递归特征消除

递归特征消除（Recursive Feature Elimination，RFE）也是封装器法的一种具体实施，其主要思想是利用训练集数据生成模型，再根据模型的特征权重（通过模型对象的 coef_ 属性或者 feature_importances_ 获得），对特征进行取舍，消除权重不高的特征，从而得到数据集的特征子集。然后，对这个特征子集重复上述过程，直到特征数量达到规定值为止。显然，这种寻找最优特征子集的方法依然是贪心搜索算法。

基础知识

在 scikit-learn 中提供了 RFE 类，可以用于创建特征消除封装器的实例。此外，还有名为 RFECV 的类，其特点在于能够通过交叉验证对特征进行排序。

```
In [18]: from sklearn.feature_selection import RFE
         from sklearn.ensemble import RandomForestRegressor

         rfe = RFE(RandomForestRegressor(),
                   n_features_to_select=5)      # ⑫

         rfe.fit(np.array(mini_data),y_train)
         rfe.ranking_
Out[18]: array([3, 1, 1, 5, 1, 1, 1, 4, 6, 2])
```

为了避免大规模的计算，以上使用 In[11] 所创建的数据——"10 佳特征"，在 In[18] 使用递归特征消除方法，还是从"10 佳"中选"5 强"。如⑫所示，不论是循序特征选择，还是穷举特征选择，或现在的递归特征消除，都是封装器方法的具体实现，因此都要选择一个机器学习算法作为目标函数。⑫依然使用随机森林回归算法，目的就是与前面的穷举法进行对照。

Out[18] 所显示的输出结果，是在对 mini_data（来自 In[11] 的数据）的各个特征的权重从高到低地排序之后，表示顺序的序号，1 表示相应索引的特征权重排序最靠前，也就是权重最高。

```
In [19]: mini_data.columns[rfe.ranking_==1]
Out[19]: Index(['LotArea', 'OverallQual', 'YearBuilt',
                'MasVnrArea', 'GrLivArea'], dtype='object')
```

对照 Out[12] 和 Out[19]，发现使用不同方法选出的"5 强"不完全一致。因此，不同的特征选择方法会训练出不同效果的模型。

项目案例

1. 项目描述

在"/allstate/"中有 train.csv 和 test.csv 两个数据文件,分别从其中读出数据,在对数据进行清理之后,使用随机森林回归模型作为封装器目标函数,针对训练集(train.csv)运用递归特征消除方法实现特征选择,并记录特征选择耗费的时间。

> 逐步在项目中综合运用以前学习的知识和技能。

2. 实现过程

```python
In [20]: import pandas as pd
         import numpy as np
         from sklearn.preprocessing import LabelEncoder
         path = "/Users/qiwsir/Documents/Codes/DataSet"
         df_train = pd.read_csv(path+"/allstate/train.csv")
         df_test = pd.read_csv(path+"/allstate/train.csv")
         train_samples = df_train.shape[0]
         test_samples = df_test.shape[0]
         train_test = pd.concat((df_train, df_test),
                                 axis=0,
                                 ignore_index=True,
                                 sort=False)
         features = [x for x in df_train.columns]

         cat_features = [x for x in
                         df_train.select_dtypes(
                             include=['object']).columns]

         num_features = [x for x in
                         df_train.select_dtypes(
                             exclude=['object']).columns]

         print('\n Categorical features: %d' %
               len(cat_features))
         print('\n Numerical features: %d\n' %
               len(num_features))

         le = LabelEncoder()
         for c in cat_features:
             train_test[c] = le.fit_transform(
                                  train_test[c])

         X_train = train_test.iloc[:train_samples, :] \
                   .drop(['id', 'loss'], axis=1)

         X_test = train_test.iloc[train_samples:, :] \
                  .drop(['id'], axis=1)
```

> pd.concat 函数合并两个 DataFrame 对象。

> 特征数值化转换。

```
# 以下是输出信息
Categorical features: 116

Numerical features: 16
```

在 In[20] 中,除读取数据外,还对数据集中的分类特征进行数值化变换。

```
In [21]: from sklearn.feature_selection import RFECV
         from sklearn.ensemble import RandomForestRegressor
         from datetime import datetime

         y_train = df_train['loss']
         rfr = RandomForestRegressor(n_estimators=100,
                                     max_features='sqrt',
                                     max_depth=12,
                                     n_jobs=-1)

         rfecv = RFECV(estimator=rfr,      # ⑬
                       step=10,
                       cv=3,
                       min_features_to_select=10,
                       scoring='neg_mean_absolute_error',
                       verbose=2)

         start_time = datetime.now()
         rfecv.fit(X_train, y_train)
         end_time = datetime.now()
         m, s = divmod((end_time - start_time) \
                           .total_seconds(), 60)

         print('Time taken: {0} minutes and {1} seconds.' \
                           .format(m, round(s, 2)))
         # 以下显示部分输出信息
         Fitting estimator with 130 features.
         Fitting estimator with 120 features.
         ......
         Fitting estimator with 80 features.
         Time taken: 4.0 minutes and 43.02 seconds.
```

注意比较 RFECV 和 RFE。

理解时间差的计算方法。内置函数 divmod 得到商和余数。

In[21] 中使用 scikit-learn 提供的 RFECV(如⑬所示)实现了用递归特征消除方法和交叉验证进行特征选择,并得到特征权重排序。

```
In [22]: %matplotlib inline
         import matplotlib.pyplot as plt
         plt.figure()
         plt.xlabel('Number of features tested x 10')
         plt.ylabel('Cross-validation score
                     (negative MAE)')
         plt.plot(range(1, len(rfecv.grid_scores_) + 1),
```

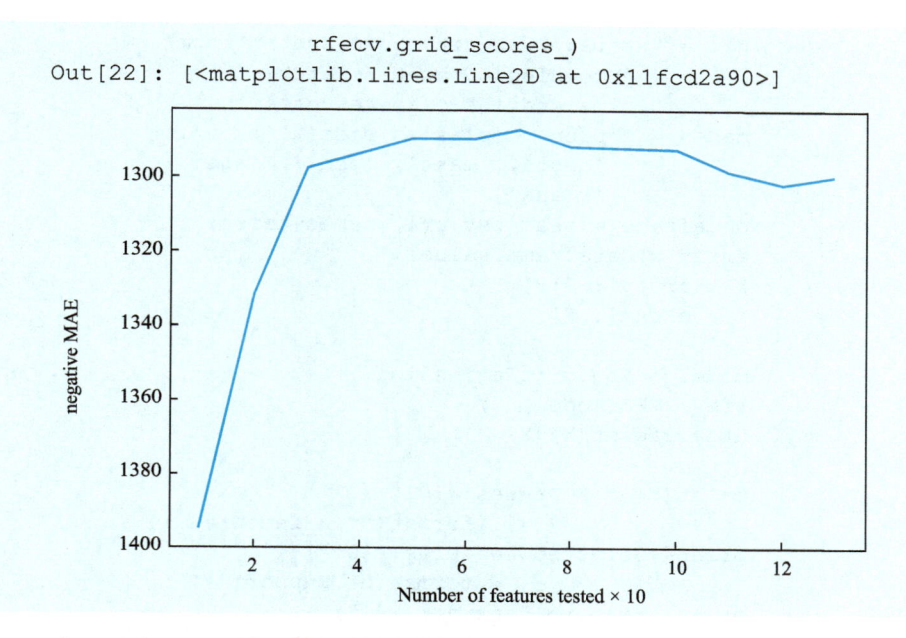

```
                    rfecv.grid_scores_)
Out[22]: [<matplotlib.lines.Line2D at 0x11fcd2a90>]
```

从上图中可以看出特征数量与交叉验证得分的关系。In[23] 则是将特征排序，并显示了前 10 个特征。

```
In [23]: ranking = pd.DataFrame({'Features': features})
         ranking.drop([0, 131], inplace=True)
         ranking['rank'] = rfecv.ranking_
         ranking.sort_values('rank', inplace=True)
         ranking.head(10)
Out[23]:
              Features        rank
         1    cat1            1
         104  cat104          1
         103  cat103          1
         101  cat101          1
         100  cat100          1
         99   cat99           1
         94   cat94           1
         92   cat92           1
         91   cat91           1
         90   cat90           1
```

动手练习

1. 在本地调试如下代码，并为每行填写注释。

```
In [24]: from pandas import read_csv
         from sklearn.feature_selection import RFE
         from sklearn.linear_model
             import LogisticRegression
```

写注释，是阅读代码的重要方法。

```python
url = "https://raw.githubusercontent.com/
        jbrownlee/Datasets/master/
        pima-indians-diabetes.data.csv"
names = ['preg', 'plas', 'pres', 'skin',
         'test', 'mass', 'pedi', 'age',
         'class']
dataframe = read_csv(url, names=names)
array = dataframe.values
X = array[:,0:8]
Y = array[:,8]

model = LogisticRegression()
rfe = RFE(model, 3)
fit = rfe.fit(X, Y)

print("Num Features: {0}" \
                .format(fit.n_features_))
print("Selected Features: {0}") \
                .format(fit.support_))
print("Feature Ranking: {0}") \
                .format(fit.ranking_))
```

2. 按照如下方式创建数据集。

```
In [25]: from sklearn.datasets import make_classification
         X, y = make_classification(n_samples=1000,
                                     n_features=25,
                                     n_informative=3,
                                     n_redundant=2,
                                     n_repeated=0,
                                     n_classes=8,
                                     n_clusters_per_class=1,
                                     random_state=0)
```

支持向量机（Support Vector Machine，SVM）是一种有监督的机器学习算法。

然后使用 scikit-learn 的 RFECV 对上述数据进行递归特征消除，并以支持向量机算法为目标函数。要求用图示表示特征数量与交叉验证分数的关系。

扩展探究

读者可能认为 scikit-learn 是一个宝库，的确如此。但是，不能把视野仅局限于此。Python 生态是一个开源的生态，这就意味着"轮子"会很多，如 Yellowbrick 就是在 scikit-learn 基础上发展的一个库。请参考网站：https://www.scikit-yb.org/en/latest/index.html，尝试安装。并学习此网站提供的与本节内容相关的内容：https://www.scikit-yb.org/en/latest/api/features/rfecv.html。

4.2 过滤器法

过滤器法是与上一节封装器法并列的特征选择方法之一。与封装器法不同的是，过滤器法不评估特征子集的预测误差，而是使用某些统计指标，比如相关系数、互信息等——目标函数不同，根据这些统计指标，对各特征进行排序，以确定特征的取舍。过滤器法的基本思路如图 4-2-1 所示。

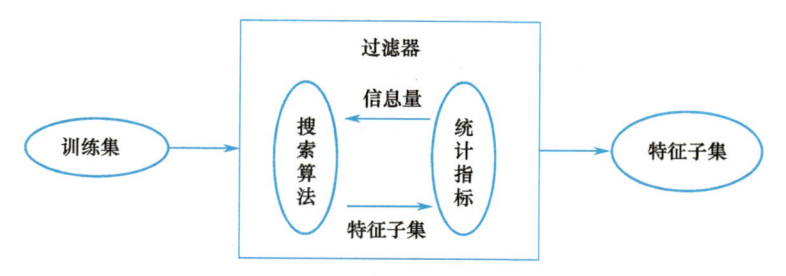

图 4-2-1　过滤器法的基本思路

基础知识

下面用卡方检验（皮尔森卡方检验）作为统计指标选择特征。

```
In [1]: from sklearn.datasets import load_iris
        from sklearn.feature_selection
                    import SelectKBest    # ①
        from sklearn.feature_selection import chi2

        iris = load_iris()
        X, y = iris.data, iris.target

        skb = SelectKBest(chi2, k=2)       # ②
        result = skb.fit(X, y)             # ③

        print("X^2 is: ", result.scores_)
        print("P-values is: ", result.pvalues_)
        # 输出结果
        X^2 is:  [ 10.81782088    3.7107283   116.31261309
                   67.0483602 ]
        P-values is:  [4.47651499e-03 1.56395980e-01
                   5.53397228e-26 2.75824965e-15]
```

> 卡方检验（Chi-Square Test）是统计学上的假设检验方法。值越大，两个变量之间的偏差越大；反之，偏差越小。

①所引入的 SelectKBest 类，是 scikit-learn 提供的过滤器类，它的参数 score_func——②中的 chi2 函数，也可以写成：score_func=chi2——引用一个统计指标函数。

②中的参数 k 表示特征子集中的特征数量。用鸢尾花数据集训练②所创建的模型，如③所示——显然这是有监督的特征选择，计算数据集中每个特征的 χ^2 值（chi2 函数返回值之一），然后根据从大到小的排序取 k 个特征——②中取前两个。

输出结果显示了③训练之后的模型实例的 χ^2 值和 P 值。

> 表示卡方检验的字母不是英文字母 X，而是希腊字母 χ。

> P 值（P-value）是统计学中用于判断假设检验结果的参数。P 值越小，原假设发生的概率就越小。

```
In [2]: X_new = skb.transform(X)      # ④
        X_new.shape
Out[2]: (150, 2)
```

In[2] 利用③训练而得的模型对数据集 X 进行特征选择,得到了含有 2 个特征的新数据集。

③和④可以合并为 In[3] 的操作。

```
In [3]: X_new = skb.fit_transform(X, y)
        X_new[:5, :]
Out[3]: array([[1.4, 0.2],
               [1.4, 0.2],
               [1.3, 0.2],
               [1.5, 0.2],
               [1.4, 0.2]])
```

可以用 In[4] 的方式显示 Out[3] 所得数据对应的特征名称。

```
In [4]: import numpy as np
        [iris.feature_names[np.where(X[0, :]==i)[0][0]] for
         i in X_new[0, :]]
Out[4]: ['petal length (cm)', 'petal width (cm)']
```

> 请认真分解列表解析的写法。

将 Out[4] 所得结果与 In[1] 打印显示的各个特征的 χ^2 值及下面 Out[5] 的结果对照,进一步理解:过滤法中利用统计指标对特征排序,然后依据特征排序结果选择特征。

```
In [5]: iris.feature_names
Out[5]: ['sepal length (cm)',
         'sepal width (cm)',
         'petal length (cm)',
         'petal width (cm)']
```

因此,过滤器法的实现路径可以用图 4-2-2 显示。

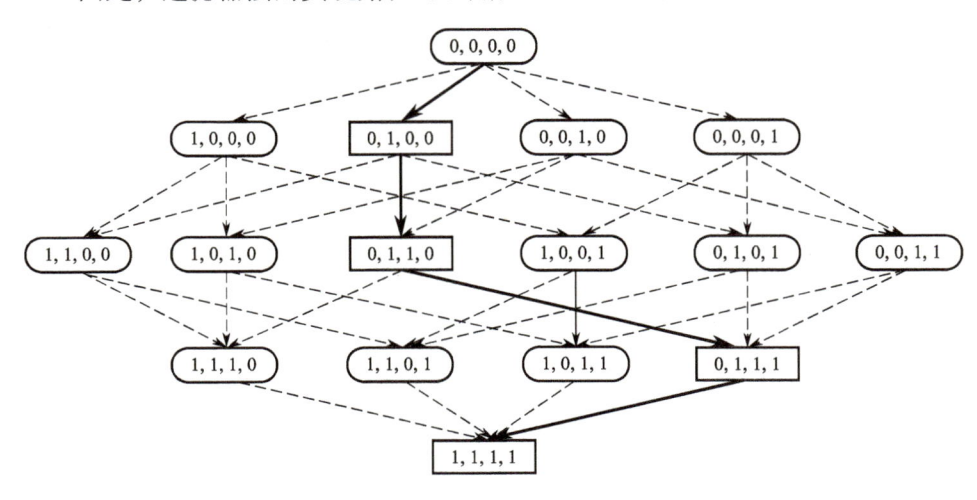

图 4-2-2 过滤器法的实现路径

对于 SelectKBest 的参数 score_func,除了如 In[1] 的②所示的 chi2 函数,

还可以是以下函数。
- f_classif：对于分类任务用 F 检验计算 F 值。
- f_regression：对于回归任务用 F 检验计算 F 值。
- mutual_info_classif：对于离散型特征计算互信息。
- mutual_info_regression：对于连续型特征计算互信息。

> 请读者查阅有关资料，理解各函数的意义和作用。

不论是什么函数，其基本思路与前述的相同。

在 scikit-learn 中，类似 SelectKBest 类的还有 SelectPercentile、SelectFpr、SelectFdr、SelectFwe，它们的使用方法与 SelectKBest 类相同，此处不再赘述。

过滤器法中有一种比较特殊的情况，即如果某特征的方差很低，假设一种极端情况，所有数据都一样，如果计算 χ^2 值，即为 0，那么在特征排序中，该特征就会排在尾部，这类特征常常被舍弃。针对这种特殊情况，scikit-learn 提供了一个专有模块。

```
In [6]: X = np.array([[0, 0, 1],
                      [0, 1, 0],
                      [1, 0, 0],
                      [0, 1, 1],
                      [0, 1, 0],
                      [0, 1, 1]])
        X
Out[6]: array([[0, 0, 1],
               [0, 1, 0],
               [1, 0, 0],
               [0, 1, 1],
               [0, 1, 0],
               [0, 1, 1]])
```

观察发现，在 Out[6] 所示数据中的第 1 列，只有一个 1，显然方差很小，根据前述思想，它一定是要被移除的。下面就使用 scikit-learn 中提供的 VarianceThreshold 模块实现这种操作。

```
In [7]: from sklearn.feature_selection
                import VarianceThreshold
        vt = VarianceThreshold(threshold=(
                        0.8 * (1 - 0.8)))# ⑤
        vt.fit_transform(X)
Out[7]: array([[0, 1],
               [1, 0],
               [0, 0],
               [1, 1],
               [1, 0],
               [1, 1]])
```

注意⑤中对阈值的设置。

统计学中的二项式分布的方差为 $D(X)=np(1-p)$，其中 p 为事件发生概率。而对于 In[6] 所生成的数据集 X，符合二项分布中的特例伯努利分布（$n=1$），那么其方差为 $p(1-p)$。如果 $p=0.8$，则 0 出现比例超过 80%，相应的方差阈值为 $0.8\times(1-0.8)$，小于该值的特征将被移除——此过程实现的是无监督的特征选择。

> 二项式分布是统计学中的一种概率分布。其他还有伯努利分布、多项式分布等。

项目案例

1. 项目描述

对数据集"/santandar/santandar.csv"使用过滤器法进行特征选择。

2. 实现过程

```
In [8]: import pandas as pd
        path = "/Users/qiwsir/Documents/Codes/DataSet"
        data = pd.read_csv(path+"/santandar/santandar.csv")
        data.shape
Out[8]: (76020, 371)
```

原始数据有 371 个特征，下面使用 VarianceThreshold 完成过滤器法的特征选择。

```
In [9]: from sklearn.model_selection 
                        import train_test_split
        from sklearn.feature_selection 
                        import VarianceThreshold
        train_features,
        test_features,
        train_labels,
        test_labels = train_test_split(
                data.drop(labels=['TARGET'],
                        axis=1),
                data['TARGET'],
                test_size=0.2,
                random_state=41)
        qconstant_filter = VarianceThreshold(
                        threshold=0.01)         # ⑥
        qconstant_filter.fit(train_features)
Out[9]: VarianceThreshold(threshold=0.01)
```

In[9] 的⑥将阈值设置为 0.01，意味着特征的方差小于 0.01 时，该特征就被删除。

```
In [10]: train_features = qconstant_filter.transform(
                                train_features)
         test_features = qconstant_filter.transform(
                                test_features)

         train_features.shape, test_features.shape
Out[10]: ((60816, 269), (15204, 269))
```

过滤器法，除了本节已经介绍的实现方法，还有其他途径，比如"动手练习"中的题目，读者在项目实践中可以根据具体情况确定过滤方法。

动手练习

1. 对于 In[8] 读入的数据集，移除其中的"常数特征"——特征中所有的值都相同。

2. 对于 In[8] 读入的数据集，移除其中的"重复特征"——两个特征的值相同。

扩展探究

对比过滤器法和封装器法，它们都是特征选择的常用方法，通过前述操作可知，两者各有特点：
- 过滤器法通常不对数据集执行迭代计算，因此计算速度比封装器法要快。
- 封装器的目标函数是某个机器学习算法，过滤器的函数则是通用的统计函数，这样使过滤器法所得的特征更具有通用性，非专门针对某个算法有良好表现。
- 利用过滤器法进行特征选择时，用户需要武断地输入阈值，这可能会导致一定的选择成本。
- 如果特征数量过少，过滤器可能无法找到最佳的特征子集，而封装器总能返回特征子集。
- 因为过滤器所得特征子集因为与某种算法无关，所以一般不会出现过拟合现象，而经由封装器法所得特征子集训练的模型，会出现过拟合现象。

在项目中，应依据具体数据和项目要求，确定特征选择的实施方法。

4.3 嵌入法

在 4.0 节中曾用对数概率回归模型（LogisticRegression）研究了葡萄酒的等级与特征的关系。因为在模型中使用了 L1 惩罚（4.0 节 In[3] 的①），从而得到了特征系数的稀疏解，某些特征的系数为 0。如此，可以对系数排序——特征权重，然后依据某个阈值选择部分特征。

这种特征选择的实现方法显然不是封装器法，也不是过滤器法，而是在训练模型的同时，得到了特征权重，并完成特征选择。像这样将特征选择过程与模型训练融为一体，在模型训练过程中自动进行特征选择，被称为"嵌入法"（Embedded）特征选择。

基础知识

依然用 4.0 节的数据，使用 scikit-learn 的 SelectFromModel 模块，实现嵌入法的特征选择。

```
In [1]: import pandas as pd
        from sklearn.model_selection
                import train_test_split
```

```python
from sklearn.preprocessing import StandardScaler
from sklearn.feature_selection
            import SelectFromModel
from sklearn.linear_model import LogisticRegression

path = "/Users/qiwsir/Documents/Codes/DataSet"
f = "/winemag/wine_data.csv"
df_wine = pd.read_csv(path + f)
X = df_wine.iloc[:, 1:],
y = df_wine.iloc[:, 0].values
X_train, X_test, y_train, y_test = 
                train_test_split(X,
                                 y,
                                 test_size=0.3,
                                 random_state=0,
                                 stratify=y)
```

特征标准化变换。

```python
std = StandardScaler()
X_train_std = std.fit_transform(X_train)
X_test_std = std.fit_transform(X_test)
```

① 所创建的机器学习模型作为 SelectFromModel 实例化的一个参数。

```python
lr = LogisticRegression(C=1.0, penalty='l1')     # ①
model = SelectFromModel(lr, threshold='median')  # ②
X_new = model.fit_transform(X_train_std, y_train)

X_new.shape
```
Out[1]: (124, 7)

```
In [2]: X_train_std.shape
```
Out[2]: (124, 13)

In[1] 的①创建对数概率回归模型，采用 L1 惩罚——这是能够实现嵌入法的关键。②创建特征选择实例，参数 lr 为①所创建的机器学习模型，参数 threshold='median' 规定选择特征的阈值——特征权重的中位数。

能够用于②中的机器学习模型还有随机森林（决策树）模型、LASSO 回归模型、岭回归模型等，在这些模型中可以更换其他惩罚。

项目案例

1. 项目描述

```
In [3]: data = pd.read_csv(path + "/kaggle/diabetes.csv")
        data.shape
```
Out[3]: (768, 9)

```
In [4]: data.columns
```
Out[4]: Index(['Pregnancies', 'Glucose', 'BloodPressure',
              'SkinThickness', 'Insulin','BMI',
              'DiabetesPedigreeFunction', 'Age',
              'Outcome'],

```
                dtype='object')
```

In[3] 读取的是糖尿病的数据集，它共有 9 个特征。

利用嵌入法选出特征子集。

2. 实现过程

这里使用 XGBoost 中的模型作为嵌入法特征选择的函数。XGBoost 是一个优化的分布式梯度增强库，利用 Gradient Boosting 框架实现常见的机器学习算法，也是一个非常流行的机器学习库，类似于 scikit-learn，并且它里面的很多算法也是对 scikit-learn 中算法的封装。XGBoost 的官方网站：https://xgboost.readthedocs.io/en/latest/。

> 参考官方网站，安装 XGBoost。

```
In [5]: X = data.loc[:, :"Age"]
        y = data.loc[:, "Outcome"]

        from xgboost import XGBClassifier
        model = XGBClassifier()     # ③
        model.fit(X,y)
        model.feature_importances_
Out[5]: array([0.089701  , 0.17109634, 0.08139535,
               0.04651163, 0.10465116, 0.2026578 ,
               0.1627907 , 0.14119601], dtype=float32)
```

In[5] 的③使用了 XGBoost 提供的分类算法创建数据模型，在训练之后，得到各个特征的重要度（如 Out[5] 所示）。按照嵌入法的基本思想，可以根据特征的重要度进行特征选择。为了更直观地观察，将 Out[5] 的输出可视化。

```
In [6]: %matplotlib inline
        from xgboost import plot_importance
        plot_importance(model)
        # 输出结果
```

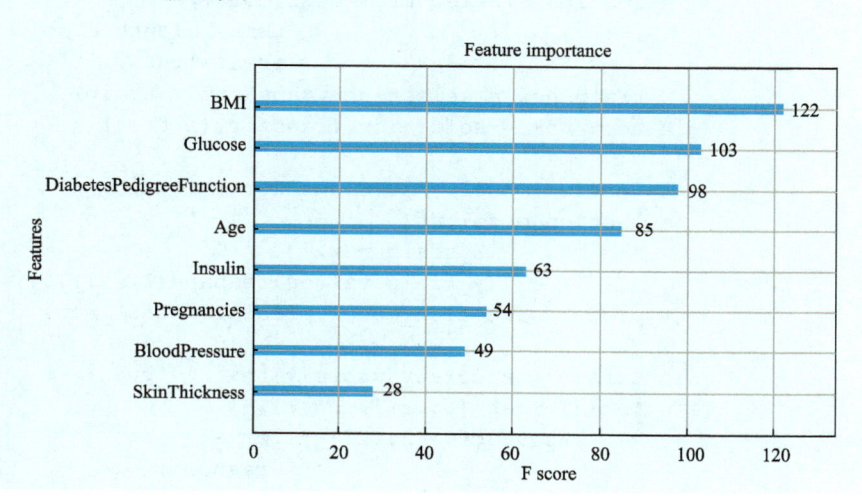

> 因为 XGBoost 中的绘图功能基于 Matplotlib，所以要写上 In[6] 第 1 行，才能让图示插入当前浏览器中。

Feature importance

- BMI: 122
- Glucose: 103
- DiabetesPedigreeFunction: 98
- Age: 85
- Insulin: 63
- Pregnancies: 54
- BloodPressure: 49
- SkinThickness: 28

仿照 In[1] 的操作，选出特征子集。

```
In [7]: selection = SelectFromModel(model,
                                    threshold='median',
                                    prefit=True)
        X_new = selection.transform(X)
        X_new.shape, X.shape
Out[7]: ((768, 4), (768, 8))
```

在 In[1] 和 In[7] 中，我们把阈值都设置为中位数，这纯属巧合。阈值的设置有点随意，但是可以通过循环的方式，找出最佳的阈值——标准是模型准确度最高、误差最小。

```
In [8]: import numpy as np
        from sklearn.model_selection
                   import train_test_split
        from sklearn.metrics import accuracy_score

        X_train, X_test, y_train, y_test = 
                   train_test_split(X, y,
                                    test_size=0.3,
                                    random_state=0)

        model = XGBClassifier()
        model.fit(X_train,
                  y_train.values.reshape(1, -1)[0],
                  )
        y_pred = model.predict(X_test)

        accuracy = accuracy_score(y_test, y_pred)
        print("Accuracy: {0:.2f}%".format(accuracy * 100))

        thresholds = np.sort(model.feature_importances_)
        for threshold in thresholds:
            selection = SelectFromModel(model,
                                        threshold=threshold,
                                        prefit=True)
            X_train_new = selection.transform(X_train)
            X_test_new = selection.transform(X_test)

            selection_model = XGBClassifier()
            selection_model.fit(
                    X_train_new,
                    y_train.values.reshape(1, -1)[0])
            y_pred = selection_model.predict(X_test_new)

            accuracy = accuracy_score(y_test, y_pred)
            print("Thresh={0:.2f}, n={1}, \
                Accuracy: {2:.2f}%".format(
                                  threshold,
                                  X_train_new.shape[1],
                                  accuracy*100))
```

```
# 输出结果
Accuracy: 77.49%
Thresh=0.05, n=8, Accuracy: 77.49%
Thresh=0.06, n=7, Accuracy: 78.35%
Thresh=0.07, n=6, Accuracy: 77.92%
Thresh=0.08, n=5, Accuracy: 77.92%
Thresh=0.15, n=4, Accuracy: 79.22%
Thresh=0.19, n=3, Accuracy: 69.26%
Thresh=0.20, n=2, Accuracy: 70.13%
Thresh=0.20, n=1, Accuracy: 69.26%
```

从上述打印内容看到了阈值、特征数量和预测准确度的变化，从而可以确定嵌入法中的阈值最佳数值。

动手练习

本练习是一个综合项目，需要读者运用学习过的数据清理、特征变换及本章的特征选择知识。

读入数据集"/kaggle/application_small.csv"，并实施如下操作：
- 将数值类型和分类型的特征分别查出来。
- 检查数值类型的特征中是否有缺失值。如果有缺失值，则用中位数填补。
- 对分类型特征进行 OneHot 编码。
- 分别用本章所介绍的三种特征选择方法，从数据集中选出特征子集。

扩展探究

本书阐述的三个特征选择方法，是在项目实践中比较常用的。另外，请读者时刻牢记，对项目本身的理解能够让我们更直接地对特征进行选择。因此，"特征选择千万条，理解项目第一条"，对项目理解越深，越容易得到最佳的特征子集。

第5章 特征抽取

扫描二维码，获得本章学习资源

特征抽取（Feature extraction）与上一章的特征选择（Feature selection）在名称上类似，不仅如此，在功能上也有类似之处，比如它们都最终实现了数据集特征数量的减少，即所谓"降维"。但是，两者还是有本质区别的。特征选择得到的是原有特征的子集，而特征抽取是将原有特征根据某种函数关系转换为新的特征，并且数据集的维度比原来的低。两者所得到的特征集合与原特征集合对应关系不同。

有的资料将本章的内容归属到"数据降维"或者类似标题之中。本书作者认为"降维"是一个宽泛的术语，它包含了"特征选择"和"特征抽取"。

第5章知识结构如图5-0-0所示。

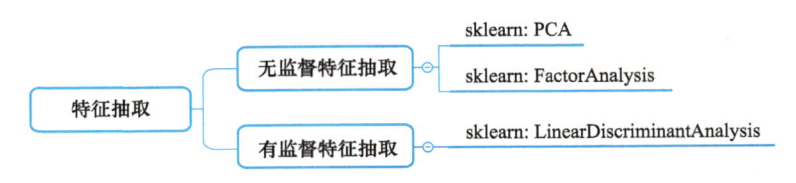

图5-0-0 第5章知识结构

5.1 无监督特征抽取

x_i^j 中的 i 表示列序号，j 表示行序号。

"无监督特征抽取"与"无监督机器学习"的"无监督"是同样的含义，过程如下所示。

$$X = \begin{pmatrix} x_1^{(2)} & \cdots & x_d^{(1)} \\ \vdots & \ddots & \vdots \\ x_1^{(N)} & \cdots & x_d^{(N)} \end{pmatrix} \xrightarrow[\text{特征抽取}]{f:R^d \to R^{d'}} X' = \begin{pmatrix} x_1'^{(1)} & \cdots & x_{d'}'^{(1)} \\ \vdots & \ddots & \vdots \\ x_1'^{(N)} & \cdots & x_{d'}'^{(N)} \end{pmatrix}$$

式中，维度 $d'<d$，X' 是根据映射关系 $f:R^d \to R^{d'}$ 由 X 变换而来的，不是 X 的子集。

实现无监督特征抽取的算法有好多种，这里仅以"主成分分析"和"因子分析"为例给予介绍。

5.1.1 主成分分析

在一般的文献资料中，谈到"降维"，必然会介绍"主成分分析"（Principal Component Analysis，PCA）。因为PCA是实现降维的典型方法，所以本书也毫不例外地要首先介绍它。

PCA 由英国数学家 Karl Pearson 在 1901 年提出（参阅：https://en.wikipedia.org/wiki/Principal_component_analysis），直到 20 世纪末，它才开始越来越被重视，因为互联网、物联网让数据"井喷"了。

基础知识

```
In [1]: from sklearn import datasets
        iris = datasets.load_iris()
        X = iris.data
        X[: 4]
Out[1]: array([[5.1, 3.5, 1.4, 0.2],
               [4.9, 3. , 1.4, 0.2],
               [4.7, 3.2, 1.3, 0.2],
               [4.6, 3.1, 1.5, 0.2]])
```

在经典的鸢尾花数据中，X 有 4 个特征，对这 4 个特征进行主成分分析。

```
In [2]: from sklearn.decomposition import PCA
        import numpy as np
        pca = PCA()              # ①
        X_pca = pca.fit_transform(X)   # ②
        np.round(X_pca[: 4], 2)  # ③
Out[2]: array([[-2.68,  0.32, -0.03, -0.  ],
               [-2.71, -0.18, -0.21, -0.1 ],
               [-2.89, -0.14,  0.02, -0.02],
               [-2.75, -0.32,  0.03,  0.08]])
```

> np.round 是 Numpy 中的函数。

In[2] 是对 X 进行主成分分析的过程，与使用 scikit-learn 中的其他模块方法一样。①创建实例；②使用实例的 fit_transform 方法对 X 进行转换；为了将转换后的结果与 Out[1] 中的原始数据进行对照，③对所有数据取 2 位小数。

Out[2] 显示的就是 Out[1] 显示的数据经过 PCA 之后的结果，显然不是原来数据子集，一定是根据某种映射关系得到的结果（通常，PCA 算法可以通过协方差实现，在①中默认使用奇异值分解，详细说明请参阅其官方文档：https://scikit-learn.org/stable/modules/generated/sklearn.decomposition.PCA.html）。

> 协方差（Covariance）用于衡量两个变量的总体误差。

Out[2] 显示的结果并没有相对 Out[1] 降维，依然是 4 个特征，这是因为在①创建模型时没有设置所要的维度数目。

所谓"主成分分析"，顾名思义，就是要找出"主要成分"——主要维度。如何能从 In[2] 的执行结果中看出哪些维度主要、哪些维度次要呢？

> 奇异值分解（Singular Value Decomposition，SVD）是线性代数中一种重要的矩阵分解。

```
In [3]: pca.explained_variance_ratio_
Out[3]: array([0.92461872, 0.05306648,
               0.01710261, 0.00521218])
```

In[3] 以模型的属性 explained_variance_ratio_ 得到了各个特征的可解释方差比例，比例越高的，其特征就越重要。如果只保留 2 个特征（或者降维到 2 个特征），结果就很明显了。

```
In [4]: pca = PCA(n_components=2)      # ④
        X_pca = pca.fit_transform(X)
        X_pca[: 4]
Out[4]: array([[-2.68412563,  0.31939725],
               [-2.71414169, -0.17700123],
               [-2.88899057, -0.14494943],
               [-2.74534286, -0.31829898]])
```

In[4] 所得到的 X_pca 相对原来的数据集 X 实现了降维，并且得到的特征是原数据特征中的"主要成分"——所保留下来的两个特征的可解释方差比例达到了 0.98（如 Out[5]），可以说是非常"主要"的。

```
In [5]: pca.explained_variance_ratio_.sum()
Out[5]: 0.977685206318795
```

在上述演示 PCA 的过程中，参数中只用到数据集 X，这就显示了它的"无监督"特点。

经过 PCA 降维的数据，与原数据相比，会不会对机器学习模型的最终效果有影响呢？——通常的直觉告诉我们，特征越多越好，虽然这个观念从上一章开始就已经被颠覆了，但它还可能顽固地生存在潜意识中。

```
In [6]: from sklearn.tree import DecisionTreeClassifier
        from sklearn.model_selection
                    import train_test_split
        from sklearn.metrics import accuracy_score
        X_train, X_test, y_train, y_test = 
                        train_test_split(X, 
                                        iris.target, 
                                        test_size=0.3, 
                                        random_state=0)
        
        clf = DecisionTreeClassifier()
        clf.fit(X_train, y_train)
        y_pred = clf.predict(X_test)
        accuracy = accuracy_score(y_test, y_pred)
        
        X_train_pca, X_test_pca, y_train_pca, y_test_pca = 
                        train_test_split(X_pca, 
                                        iris.target, 
                                        test_size=0.3, 
                                        random_state=0)
        
        clf2 = DecisionTreeClassifier()
        clf2.fit(X_train_pca, y_train_pca)
        y_pred_pca = clf2.predict(X_test_pca)
        accuracy2 = accuracy_score(y_test_pca, y_pred_pca)
        
        print("dataset with 4 features: ", accuracy)
        print("dataset with 2 features: ", accuracy2)
```

```
# 输出信息
dataset with 4 features:  0.9777777777777777
dataset with 2 features:  0.9111111111111111
```

In[6] 的代码中使用 DecisionTreeClassifier 模型训练和预测了原始数据及降维之后的数据。利用只有 2 个维度的数据训练的模型，其预测效果相对来讲也是说得过去的，此结果也证实这 2 个维度的确是"主成分"。

在 In[2] 的①创建 PCA 模型时，没有对参数 n_components 设置数值，即 n_components=None，表示要保留所有的特征；In[4] 的④以 n_components=2 表示此 PCA 模型要保留 2 个特征。此外，参数 n_components 还可以是：

- n_components='mle'，mle 即 maximum likelihood estimation，翻译为"最大似然估计"，意思是 PCA 实例会根据"最大似然估计"决定保留的维度数量。注意，此时另外一个参数 svd_solver 的值应该为 'full'。
- n_components 还可以是 0 ~ 1 的浮点数，表示特征的可解释方差比例超过此值的被保留。

关于 PCA 类的其他参数，请读者参考官方文档的说明（https://scikit-learn.org/stable/modules/generated/sklearn.decomposition.PCA.html）。

> "说得过去"是一种不严谨的模糊判断，里面包含了经验以及实际项目所允许的误差范围。

项目案例

1. 项目描述

利用"/mnist/mnist-original.mat"数据集，对手写的数字采用主成分分析法，然后比较识别效果。

2. 实现过程

```
In [7]: from scipy.io import loadmat
        path = "/Users/qiwsir/Documents/Codes/DataSet"
        mnist = loadmat(path + "/mnist/mnist-original.mat")
        mnist
Out[7]: {'__header__': b'MATLAB 5.0 MAT-file Platform:
        posix, Created on: Sun
        Mar 30 03:19:02 2014',
         '__version__': '1.0',
         '__globals__': [],
         'mldata_descr_ordering': array([[array(['label'],
        dtype='<U5'),
        array(['data'], dtype='<U4')]],
               dtype=object),
         'data': array([[0, 0, 0, ..., 0, 0, 0],
               [0, 0, 0, ..., 0, 0, 0],
               [0, 0, 0, ..., 0, 0, 0],
               ...,
               [0, 0, 0, ..., 0, 0, 0],
               [0, 0, 0, ..., 0, 0, 0],
```

```
                   [0, 0, 0, ..., 0, 0, 0]], dtype=uint8),
       'label': array([[0., 0., 0., ..., 9., 9., 9.]])}
```

In[7] 读入的数据集是著名的"手写体数字"数据，用 In[8] 分别得到样本数据及其标签。

```
In [8]: mnist_data = mnist["data"].T
        mnist_label = mnist["label"][0]
        mnist_data.shape
Out[8]: (70000, 784)
```

mnist_data 共有 784 个维度。下面就用 PCA 对其实现"降维"操作。

```
In [9]: pca = PCA(.95)          # ⑤
        lower_dimensional_data = pca.fit_transform(
                                               mnist_data)
        pca.n_components_
Out[9]: 154
```

In[9] 的⑤将参数 n_components 的值设置为 0.95，表示按照特征的可解释方差比例所保留的维度，最终用模型的属性 n_components_ 返回了经过 PCA 之后所得数据集特征个数（用 In[10] 也可以查看）。

```
In [10]: lower_dimensional_data.shape
Out[10]: (70000, 154)
```

用可视化的方法，将 In[9] 所得到的降维之后的每个数字的图像与原图像比较，用眼睛观察并比较，154 个维度与 784 个维度的区别有多大？这 154 个维度能否代表"主成分"。

```
In [11]: %matplotlib inline
         import matplotlib.pyplot as plt

         iverse_data = pca.inverse_transform(
                                  lower_dimensional_data)

         plt.figure(figsize=(8,4))

         # 原图
         plt.subplot(1, 2, 1)
         plt.imshow(mnist_data[1].reshape(28,28),
                    cmap = plt.cm.gray,
                    interpolation='nearest',
                    clim=(0, 255))
         plt.xlabel('784 components', fontsize = 14)
         plt.title(' 原图像 ', fontsize = 20)

         # 154 个维度的图
         plt.subplot(1, 2, 2)
         plt.imshow(iverse_data[1].reshape(28, 28),
                    cmap = plt.cm.gray,
```

请查询有关资料，解决 Matplotlib 图示中的汉字显示问题。

```
                    interpolation='nearest',
                    clim=(0, 255))
        plt.xlabel('154 components', fontsize = 14)
        plt.title(' 特征抽取后的图像 ',
                  fontsize = 20)
Out[11]: Text(0.5, 1.0, '95% of Explained Variance')
```

原图像 特征抽取后的图像

784 components   154 components

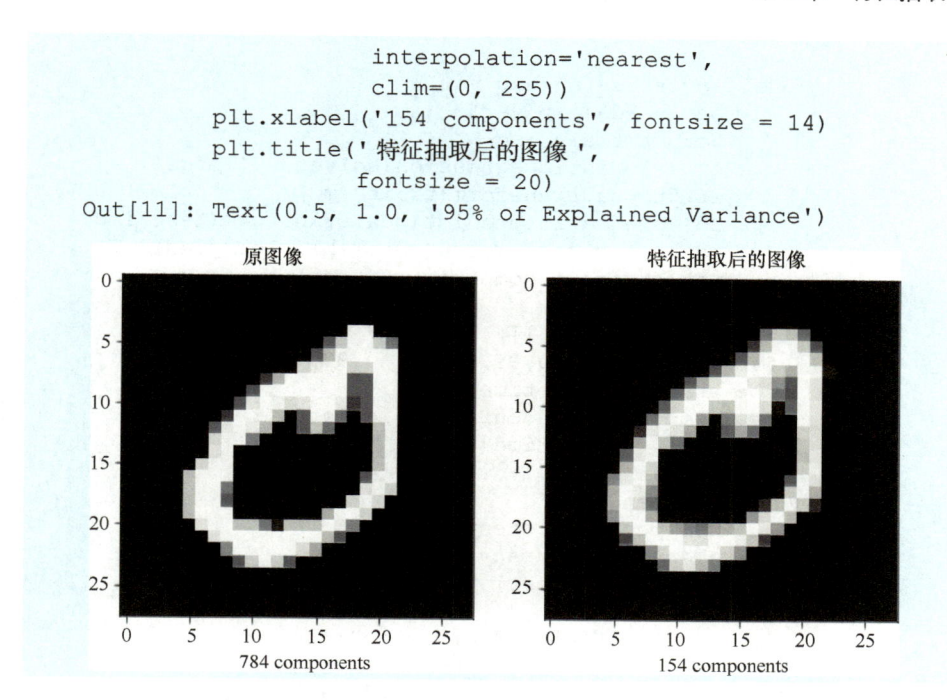

从可视化图示可以断定，根据 95% 的可解释方差 PCA 后的数据，与原始数据差别不很大，能够比较完整地表达出原始数字。

```
In [12]: import time
        from sklearn.linear_model
                    import LogisticRegression
        from sklearn.preprocessing import StandardScaler
        from sklearn.model_selection
                    import train_test_split
        from sklearn.decomposition import PCA
        from sklearn.metrics import accuracy_score
        from scipy.io import loadmat
        import pandas as pd

        path = "/Users/qiwsir/Documents/Codes/DataSet"
        mnist = loadmat(path +"/mnist/mnist-original.mat")
        mnist_data = mnist["data"].T
        mnist_label = mnist["label"][0]
        train_img, test_img, train_lbl, test_lbl =
                    train_test_split(mnist_data,
                                     mnist_label,
                                     test_size=1/7.0,
                                     random_state=0)

        scaler = StandardScaler()
        scaler.fit(train_img)
        train_img = scaler.transform(train_img)
        test_img = scaler.transform(test_img)
```

因为此处的代码都是前面已经讲解过的，所以不再赘述。建议读者对每行代码进行注释，以理解程序的含义。

```
def logistic_reg(exp_var):
    pca = PCA(exp_var)
    pca.fit(train_img)
    lr = LogisticRegression(solver = 'lbfgs')
    lr.fit(pca.transform(train_img), train_lbl)
    lbl_pred = lr.predict(pca.transform(test_img))
    acc = accuracy_score(test_lbl, lbl_pred)
    return pca.n_components_, acc

v, n, a, t = [], [], [], []
for i in [None, 0.99, 0.95, 0.90, 0.85]:
    start = time.time()
    components, accuracy = logistic_reg(i)
    stop = time.time()
    deltat = stop - start
    v.append(i)
    n.append(components)
    a.append(accuracy)
    t.append(deltat)

df = pd.DataFrame({"Var_ratio":v,
                   "N_components":n,
                   "Accuracy": a,
                   "Times": t})
    df
Out[12]:
    Var_ratio    N_components    Accuracy    Times
0   NaN          784             0.9155      56.734687
1   0.99         541             0.9161      47.332687
2   0.95         330             0.9199      33.735532
3   0.90         236             0.9169      27.311593
4   0.85         184             0.9154      23.686600
```

In[12] 的代码要运行一段时间，最终会得到如同 Out[12] 的结果，其中特征的含义如下。

- Var_ratio：可解释方差保留比例，即 PCA 类中的参数 n_components 的值，NaN 表示 n_components=None。
- N_components：经过 PCA 之后的维度数量。
- Accuracy：模型的精确度。
- Times：每一次在本机的运行时间。

从此结果可以看出，不同维度的数据训练时间不同，模型的精确度也有差异。那么，就可以在综合考虑各方面性能的基础上，根据具体情况确定所需数据的维度。

动手练习

鸢尾花数据集是机器学习练习中常用的数据集，前面已屡次使用过。本题依旧使用此数据集，要求将原来的 4 个特征（"sepal length""sepal width""petal length""petal width"）用 PCA 技术抽取 2 个特征，并用图示表示特征抽取之后的分类效果。

扩展探究

在本节最后，要提醒读者，由 scikit-learn 的 PCA 模块官方文档可知，scikit-learn 的 PCA 是借助于 scipy.linalg.svd 实现的，因为这种方式会把数据一次性地读入内存，所以就不适用于数据量非常大的情况了。scikit-learn 也考虑到这个问题了，它又提供了一个名为 IncrementalPCA（Incremental Principal Components Analysis，增量主成分分析）的模块，专门解决大数据问题，其使用方法与 PCA 雷同，详见：https://scikit-learn.org/stable/modules/generated/sklearn.decomposition.IncrementalPCA.html。

5.1.2 因子分析

因子分析（Factor Analysis，FA）也是实现特征抽取（降维）的一种方式。对于数据集的特征而言，几个特征背后可能有共同的某个原因，这个原因称为"因子"。比如，"失业率""消费指数""幸福指数"这三个特征的数值变化，都与"经济发展状况"有关，而"经济发展状况"用"GDP"衡量，那么"GDP"就是这三个特征潜在的共同因子（此处仅仅是为了理解因子分析而假设，不一定符合经济学的要求）。在对有关此类经济数据进行分析的时候，就可以将"失业率""消费指数""幸福指数"这三个特征根据一定的规则"抽取"为"GDP"这一个特征（实现了降维）。

基础知识

```
In [13]: from sklearn.decomposition import FactorAnalysis
         fa = FactorAnalysis()      # ⑥
         iris_fa = fa.fit(iris.data)
         fa.components_             # ⑦
Out[13]: array([[ 0.70698856, -0.15800499,  1.65423609,
                  0.70084996],
                [ 0.115161  ,  0.15963548, -0.04432109,
                 -0.01403039],
                [-0.        ,  0.        ,  0.        ,
                  0.        ],
                [-0.        ,  0.        ,  0.        ,
                 -0.        ]])
```

从 scikit-learn 中引入因子分析模块 FactorAnalysis，与使用 PCA 模块的方法一样，创建实例 fa（如⑥所示），并用 iris.data 数据集对此模型进行训练。⑦返回的是潜在因子与每个特征的方差。因为在⑥中没有约定潜在的维度，所以默认以数据集的原有特征数为降维之后的特征数（n_components=None）。因为鸢尾花数据集原来有 4 个特征，所以经过因子分析之后的特征，即潜在的共同因子也有 4 个。而返回的值（Out[13] 输出结果）显示，只有两个潜在因子与各个特征有相关性——虽然这里还没有命名,也没有必要命名这两个潜在因子,只要找出来即可。那么,就可以在⑥实例化的时候为参数 n_components 设置特征数量。

```
In [14]: fa = FactorAnalysis(n_components=2)
         iris_two = fa.fit_transform(iris.data)
         iris_two[: 4]
Out[14]: array([[-1.32761727, -0.56131076],
                [-1.33763854, -0.00279765],
                [-1.40281483,  0.30634949],
                [-1.30104274,  0.71882683]])
```

> 严格地讲,应该先判断是否有共同因子。详见下文中的 In[20]。

将 Out[14] 与 Out[4](5.1.1 节 In[4] 的执行结果)进行对比:

```
Out[4]: array([[-2.68412563,  0.31939725],
               [-2.71414169, -0.17700123],
               [-2.88899057, -0.14494943],
               [-2.74534286, -0.31829898]])
```

都是对鸢尾花数据集进行特征抽取(降维),PCA 所得与 FA 所得结果不同。

- PCA 对原特征通过线性变换之后实现特征抽取(降维);FA 通过对原特征的潜在共同因子分析实现特征抽取(降维)。
- PCA 没有设置任何前提假设,所有的特征都可以借助某种映射关系实现降维;FA 只能适用在某些特征之间有某种相关的假设之下,否则就找不到共同因子。

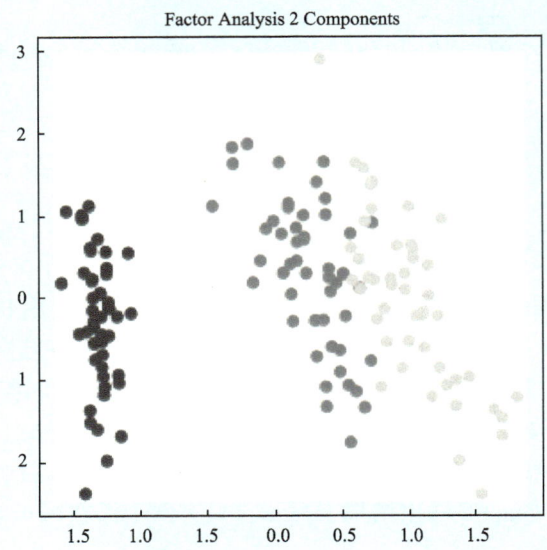

```
In [15]: %matplotlib inline
         import matplotlib.pyplot as plt
         f = plt.figure(figsize=(5, 5))
         ax = f.add_subplot(111)
         ax.scatter(iris_two[:,0],
                    iris_two[:, 1],
                    c=iris.target)
         ax.set_title("Factor Analysis 2 Components")
Out[15]: Text(0.5, 1.0, 'Factor Analysis 2 Components')
```

这里用图示的方式显示了对鸢尾花数据集的分类效果。在 In[6] 中曾用决策树分类模型检验过 PCA，为了与 FA 进行直观比较，还可以通过图示显示其分类效果。

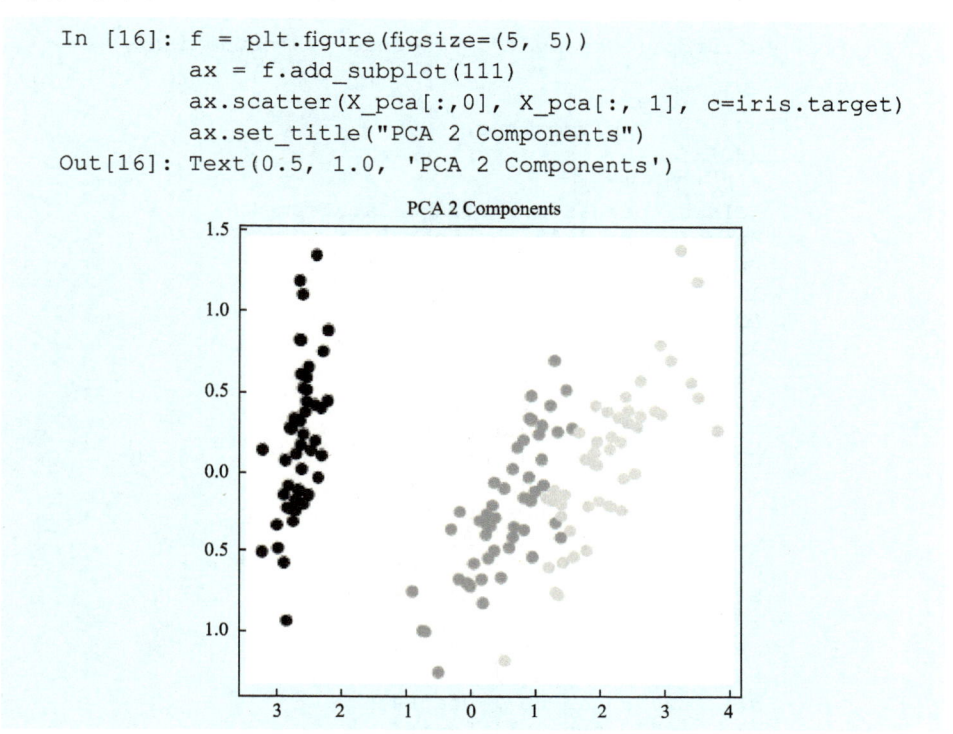

```
In [16]: f = plt.figure(figsize=(5, 5))
         ax = f.add_subplot(111)
         ax.scatter(X_pca[:,0], X_pca[:, 1], c=iris.target)
         ax.set_title("PCA 2 Components")
Out[16]: Text(0.5, 1.0, 'PCA 2 Components')
```

读者还可以仿照 In[6] 对 FA 的结果进行验证。

项目案例

1. 项目描述

数据集 "/bfi/bfi.csv" 是关于个人性格评估的心理调查数据，试对这些数据应用因子分析方法实现特征抽取。（本案例参考资料：https://www.datacamp.com/community/tutorials/ introduction-factor-analysis。）

2. 实现过程

```
In [17]: import pandas as pd
         path = "/Users/qiwsir/Documents/Codes/DataSet"
         df = pd.read_csv(path + "/bfi/bfi.csv")
         df.columns
Out[17]: Index(['Unnamed: 0', 'A1', 'A2', 'A3', 'A4', 'A5',
                'C1', 'C2', 'C3', 'C4', 'C5', 'E1', 'E2',
                'E3', 'E4', 'E5', 'N1', 'N2', 'N3', 'N4',
                'N5', 'O1', 'O2', 'O3', 'O4', 'O5',
                'gender', 'education', 'age'],
```

```
                dtype='object')
```

读入指定数据,并查看特征,因为其中的"gender""education""age"三个特征显然与调查数据无关,所以要删除(注意,"Unnamed: 0"特征也是无用的)。

```
In [18]: df.drop(['Unnamed: 0', 'gender', 'education',
                  'age'],
                 axis=1,
                 inplace=True)
         df.info()
         # 以下为输出信息
         <class 'pandas.core.frame.DataFrame'>
         RangeIndex: 2800 entries, 0 to 2799
         Data columns (total 25 columns):
         A1     2784 non-null float64
         A2     2773 non-null float64
         A3     2774 non-null float64
         A4     2781 non-null float64
         A5     2784 non-null float64
         C1     2779 non-null float64
         C2     2776 non-null float64
         C3     2780 non-null float64
         C4     2774 non-null float64
         C5     2784 non-null float64
         E1     2777 non-null float64
         E2     2784 non-null float64
         E3     2775 non-null float64
         E4     2791 non-null float64
         E5     2779 non-null float64
         N1     2778 non-null float64
         N2     2779 non-null float64
         N3     2789 non-null float64
         N4     2764 non-null float64
         N5     2771 non-null float64
         O1     2778 non-null float64
         O2     2800 non-null int64
         O3     2772 non-null float64
         O4     2786 non-null float64
         O5     2780 non-null float64
         dtypes: float64(24), int64(1)
         memory usage: 547.0 KB
```

从上述信息可知,数据集中还存在一些缺失值,可以执行删除方案。

```
In [19]: df.dropna(inplace=True)
         df.info()
         # 以下为输出信息
         <class 'pandas.core.frame.DataFrame'>
         Int64Index: 2436 entries, 0 to 2799
         Data columns (total 25 columns):
         A1     2436 non-null float64
         A2     2436 non-null float64
         A3     2436 non-null float64
         A4     2436 non-null float64
         A5     2436 non-null float64
         C1     2436 non-null float64
```

删除缺失值要慎重。此处之所以执行删除操作,是在In[18]操作之后发现缺失值比例很低。

```
C2    2436 non-null float64
C3    2436 non-null float64
C4    2436 non-null float64
C5    2436 non-null float64
E1    2436 non-null float64
E2    2436 non-null float64
E3    2436 non-null float64
E4    2436 non-null float64
E5    2436 non-null float64
N1    2436 non-null float64
N2    2436 non-null float64
N3    2436 non-null float64
N4    2436 non-null float64
N5    2436 non-null float64
O1    2436 non-null float64
O2    2436 non-null int64
O3    2436 non-null float64
O4    2436 non-null float64
O5    2436 non-null float64
dtypes: float64(24), int64(1)
memory usage: 494.8 KB
```

现在的数据集 df 含有 25 个特征, 在实施特征抽取之前, 先要判断特征与特征之间的相关性, 从而确定是否可以使用因子分析(其实, 在进行主成分分析之前, 也应该做相关性检验)。做相关性检验的目的是确认各个特征的背后是否有某种联系, 是否能够用某种潜在的因子表征某些特征。

常用的检验方法是 KMO (Kaiser-Meyer-Olkin) 检验和 Bartlett 球形检验(此处省略相关原理介绍, 请读者查阅有关文献资料)。

"基础知识" 部分介绍了在 scikit-learn 中实现因子分析的一个模块, 这里再向读者介绍一个实现因子分析的第三方库: FactorAnalyzer。请根据其官方网站(https://github.com/ EducationalTestingService/factor_analyzer)的说明进行安装。在 FactorAnalyzer 中提供了对特征相关性进行检验的 KMO 检验和 Bartlett 球形检验的方法。

> 复习 In[15] 之前对 PCA 和 FA 的比较。

```
In [20]: from factor_analyzer.factor_analyzer
                import calculate_bartlett_sphericity
         chi_square_value,p_value=
                calculate_bartlett_sphericity(df)
         chi_square_value, p_value
Out[20]: (18170.96635086924, 0.0)
```

Bartlett 球形检验的零假设相关系数矩阵是一个单位矩阵, Out[20] 得到 p 值为 0, 则说明拒绝原假设, 可以进行因子分析。

```
In [21]: from factor_analyzer.factor_analyzer
                    import calculate_kmo
         kmo_all,kmo_model=calculate_kmo(df)
         kmo_model
Out[21]: 0.8485397221949221
```

> 假设检验基本原理是先对总体特征做出某种假设, 然后通过抽样的统计推理, 对此假设做出拒绝或接受的判断。
> 假设检验的种类包括 t 检验、Z 检验、卡方检验、F 检验等。

FactorAnalyzer 也有实现 KMO 检验的函数。KMO 检验结果值在 0 ~ 1 之间，越接近于 1，变量间的相关性越强，因子分析的效果越好。在实际业务中，凭经验认为大于 0.7 时效果比较好，小于 0.5 时不适合应用因子分析法。In[20] 和 In[21] 都说明对于本数据可使用因子分析方法。

```
In [22]: from factor_analyzer import FactorAnalyzer
         fa = FactorAnalyzer(rotation=None)         # ⑧
         fa.fit(df, 25)                             # ⑨
         ev, v = fa.get_eigenvalues()
         ev
Out[22]:
array([5.13431118, 2.75188667, 2.14270195, 1.85232761,
1.54816285, 1.07358247, 0.83953893, 0.79920618, 0.71898919,
0.68808879, 0.67637336, 0.65179984, 0.62325295, 0.59656284,
0.56309083, 0.54330533, 0.51451752, 0.49450315, 0.48263952,
0.448921  , 0.42336611, 0.40067145, 0.38780448, 0.38185679,
0.26253902])
```

In[22] 使用 FactorAnalyzer 类创建因子分析模型（如⑧所示），然后采用与 scikit-learn 中训练模型雷同的方法，利用已整理好的数据训练因子分析模型（如⑨所示）。最后调用模型的 get_eigenvalues 方法，得到每个特征的本征值。从结果可以看出，只有前六个本征值大于 1。为了形象地表示本征值的分布，可以绘制下图：

```
In [23]: plt.scatter(range(1,df.shape[1]+1),ev)
         plt.plot(range(1,df.shape[1]+1),ev)
         plt.title('Scree Plot')
         plt.xlabel('Factors')
         plt.ylabel('Eigenvalue')
         plt.grid()
         # 输出图像
```

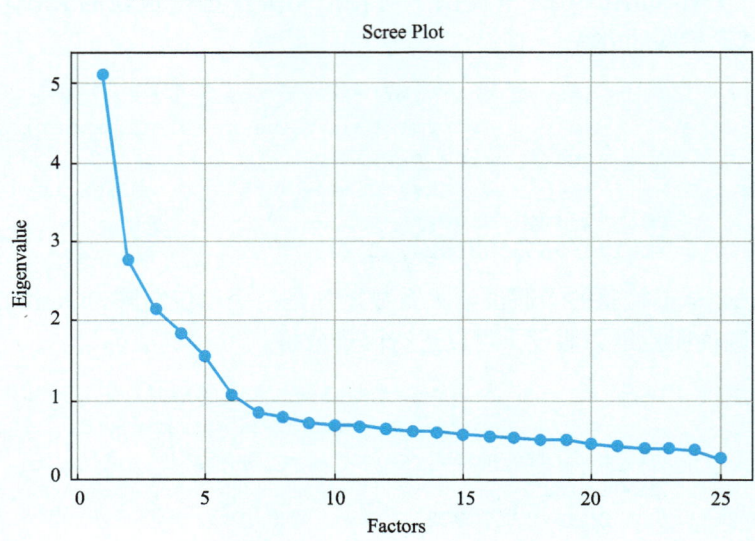

由此可知，可以从数据集中抽取 6 个或者更少特征。

动手练习

延续"项目案例"的操作，根据 In[23] 输出结果，比如确定抽取 5 个特征。请根据以往的经验、并参照官方文档，得到含有 5 个特征的数据集。

扩展探究

有资料认为，PCA 可以视为 FA 的一种特例，对此读者可以有自己的见解。

对于本节阐述的无监督特征抽取，除了主成分分析和因子分析，还有奇异值分解、字典学习、多维缩放（Multiple Dimensional Scaling，MDS）、核主成分分析（Kernelized PCA，KPCA）、等度量映射（Isometric Mapping，Isomap）等。在项目实践中，可以使用第三方库提供的工具，比如本书中反复用到的 scikit-learn 中已经提供了实现各种算法的类，请参考如下两项：

- https://scikit-learn.org/stable/modules/classes.html#module-sklearn.decomposition。
- https://scikit-learn.org/stable/modules/classes.html#module-sklearn.manifold。

5.2 有监督特征抽取

上一节所介绍的特征抽取方法，在某种程度上已经能够满足很多常见的应用。但是，请读者务必时刻牢记：一是现实的数据科学项目是复杂的，没有一个"万能"的方法能解决所有问题；二是科学的东西，必然有其适用的条件——机器学习算法是科学的，必须在满足其适用条件时才是正确的。因此，才出现了各种算法，它们分别解决不同的问题。

基础知识

```
In [1]: from sklearn.datasets.samples_generator
                    import make_classification
        X,y = make_classification(n_samples=1000,
                                  n_features=4,
                                  n_redundant=0,
                                  n_classes=3,
                                  n_clusters_per_class=1,
                                  class_sep=0.5,
```

> 在学习过程中，常常要根据一定规则创建数据集，虽然这类数据集与真实的数据存在差别，但它能将"主要矛盾"凸显出来，更便于学习某个知识点。

```
                                         random_state=10)
         X.shape, y.shape
Out[1]: ((1000, 3), (1000,))
```

In[1] 利用函数 make_classification 创建了一个可以用来分类的数据集。如果用 5.1.1 节的主成分分析对数据集 X 进行特征抽取，可找出最具代表性的两个特征。

```
In [2]: %matplotlib inline
        import matplotlib.pyplot as plt
        from sklearn.decomposition import PCA
        pca = PCA(n_components=2)
        X_pca = pca.fit_transform(X)
        plt.scatter(X_pca[:, 0], X_pca[:, 1], c=y)
Out[2]: <matplotlib.collections.PathCollection at 0x124a65630>
```

用不同颜色代表不同类别。

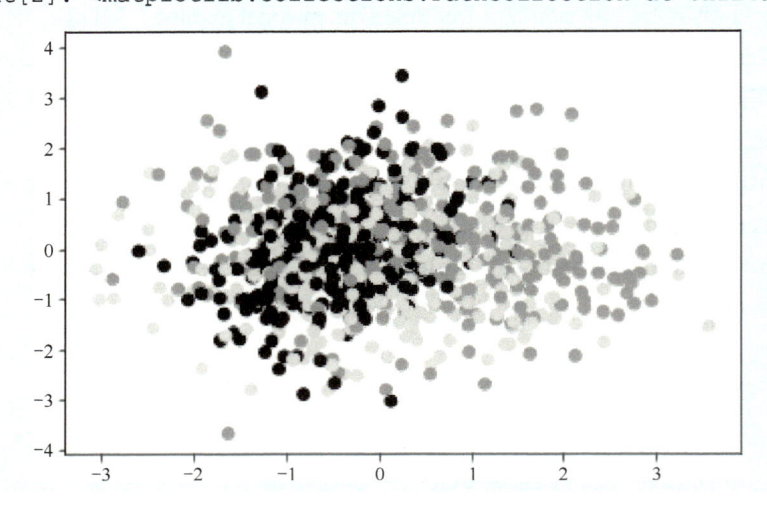

在 In[1] 中创建数据集的时候已经明确，这些数据是分为三个类别的，经过 PCA 之后得到了具有两个维度的数据，如果按照 5.1.1 节所介绍的内容，应该在图中非常明显地表现为三个类别（类似 5.1.2 节中 Out[15] 的结果）。然而，眼前的结果是这些点的分布"乱作一团"，看不出什么类别。

PCA 在这里失效了。不得不使用新方法。

```
In [3]: from sklearn.discriminant_analysis
                    import LinearDiscriminantAnalysis

        lda = LinearDiscriminantAnalysis(n_components=2)
        X_lda = lda.fit_transform(X, y)

        plt.scatter(X_lda[:, 0], X_lda[:, 1], c=y)
Out[3]: <matplotlib.collections.PathCollection at 0x124be3ef0>
```

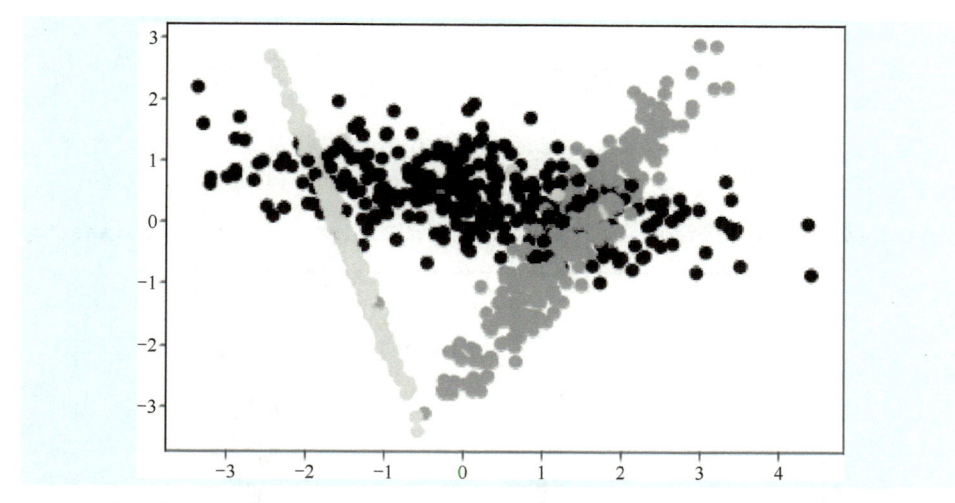

这个结果比 Out[2] 的结果好多了，非常明显地显示了三个类别数据的分布。

在 In[3] 中引入的模块 LinearDiscriminantAnalysis，就是机器学习中常用的"线性判别分析"（Linear Discriminant Analysis，LDA。注意，LDA 也可以作为 Latent Dirichlet Allocation 的简称，请读者根据具体语境加以区分）。

从 In[3] 可以看出，"线性判别分析"（LDA）用于特征抽取（降维）与"主成分分析"（PCA）的不同之处是，LDA 需要输入的不仅有 X，还要有 y，因此它被称为"有监督特征抽取"，可以表示如下：

$$X = \begin{pmatrix} x_1^{(1)} & \cdots & x_d^{(1)} \\ \vdots & \ddots & \vdots \\ x_1^{(N)} & \cdots & x_d^{(N)} \end{pmatrix} \xrightarrow[\text{特征抽取}]{f: R^d \to R^{d'}} X' = \begin{pmatrix} x_1'^{(1)} & \cdots & x_{d'}'^{(1)} \\ \vdots & \ddots & \vdots \\ x_1'^{(N)} & \cdots & x_{d'}'^{(N)} \end{pmatrix}$$

$$Y = \begin{pmatrix} y^{(1)} \\ \vdots \\ y^{(N)} \end{pmatrix}$$

项目案例

1. 项目描述

针对鸢尾花数据，使用线性判别分析方法，实现有监督特征抽取。并对 PCA 和 LDA 方法的适用性进行分析。

2. 实现过程

```
In [4]: from sklearn import datasets
        from sklearn.discriminant_analysis
                import LinearDiscriminantAnalysis

        iris = datasets.load_iris()
        X_iris, y_iris= iris.data, iris.target
```

降维到两个特征。

以第一个特征为 X 轴，第二个特征为 Y 轴，绘制散点图。

```
lda = LinearDiscriminantAnalysis(n_components=2)
X_iris_lda = lda.fit_transform(X_iris, y_iris)

plt.scatter(X_iris_lda[:, 0],
            X_iris_lda[:, 1],
            c=y_iris)
```
Out[4]: <matplotlib.collections.PathCollection at 0x1251aaa58>

从 Out[4] 的显示结果可以直观地看出，对于鸢尾花数据，LDA 同样能够"抽取"到很好的特征。或者说，不论是有监督还是无监督的特征抽取，都能用于鸢尾花数据集。而 In[1] 所创造的数据集则不然，PCA 对它无能为力，只能用 LDA，其原因应该从每个方法的原理和数据特点去考虑。在实践中，通常要看一看数据均值和方差。

> 此处的 X、y 为在本节 In[1] 中创建的数据。

```
In [5]: import numpy as np
        X_mean = []
        X_var = []
        for i in range(4):
            m = []
            v = []
            for j in range(3):
                m.append(np.mean(X[:, i][j==y]))
                v.append(np.var(X[:, i][j==y]))
            X_mean.append(v)#X_var = np.var(X, axis=0)
            X_var.append(m)

        print("X_mean: ", X_mean)
        print("X_var: ", X_var)
        # 以下是打印结果
        X_mean: [[0.2183712580305977, 1.1052626159191397,
                  0.4057388127038256],
                 [1.061062843407683, 1.050045165331185,
                  1.0287851089775246],
```

```
              [0.9874712352883422, 0.9682431042431385,
               1.0036869489851274],
              [0.7034263353290686,0.5892565808874551,
               1.0390892157973233]]
      X_var: [[-0.5278067685825016, -0.5169064671104584,
               0.4672757741731266],
              [0.061662385983550616,-0.17231056591994068,
               0.08946387250298174],
              [-0.0140671675096434 46,-0.0705119016814193,
               0.003967316789 5780004],
              [0.45836039396857386, -0.46246572782720174,
               0.5115950547496408]]
```

这里得到的是每个特征不同类别数据的平均值和方差。直接观察上面的结果，难以看出门道。下面以第一个特征的数据为例：

```
In [6]: X_mean[0]
Out[6]: [0.2183712580305977, 1.1052626159191397,
         0.4057388127038256]

In [7]: X_var[0]
Out[7]: [-0.5278067685825016, -0.5169064671104584,
         0.4672757741731266]
```

这里显示的是该特征下三个类别数据的平均值和方差。通过作图进一步观察：

```
In [8]: fig, axs = plt.subplots()
        for i in range(3):
            axs.axhline(X_var[0][i], color='red')
            axs.axvline(X_mean[0][i],
                        color='blue',
                        linestyle="--")
        axs.scatter(X_mean[0], X_var[0], marker="D")
Out[8]: <matplotlib.collections.PathCollection at 0x1265f4f28>
```

在 Out[8] 输出的图示中，横轴数据表示的是平均值，纵轴数据表示的是方差。显然，选择平均值对此特征进行分类要优于方差。而 LDA 则是依赖均值、PCA 依赖方差对数据进行分类，这就是 In[2] 和 In[3] 显示不同效果的原因。

此外，在使用 LDA 的时候，还要注意参数 n_components 的取值范围，不要大于数据维度 −1。

LDA 不仅仅是特征抽取的方法，也可以作为类似于线性回归等有监督学习的模型。

动手练习

对数据 "/winemag/wine_data.csv"，利用线性判别分析实现特征抽取。

扩展探究

特征抽取是机器学习项目的重要环节，方法也不局限于本章所介绍的，建议读者了解更多与特征抽取相关的知识和项目，例如：

- 文本特征抽取：https://sanjayasubedi.com.np/nlp/nlp-feature-extraction/。
- scikit-learn 的特征抽取专题：https://scikit-learn.org/stable/modules/feature_extraction.html。
- TensorFlow 特征抽取工具包：https://github.com/tomrunia/TF_Feature-Extraction。
- 基于 Bert 的知识图谱特征抽取：https://github.com/sakuranew/BERT-AttributeExtraction。

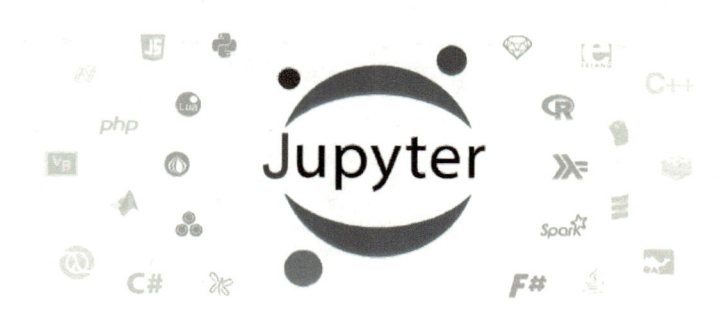

附录 A　Jupyter 简介

Jupyter 官网图示如图 A-1 所示。

图 A-1　Jupyter 官网图示

Jupyter Notebook 是一种基于浏览器的交互环境，不仅支持 Python 语言，也支持其他语言。有的资料会提到"IPython Notebook"，这是它的曾用名。Jupyter 官方网站是 http://jupyter.org/。

A.1　安装和启动

安装方法是：

```
$ pip install jupyter
```

如果使用的是 Anaconda，则 Jupyter 已经集成到其中，不需要单独安装。启动 Jupyter，执行如下命令。

```
qiwsir@ubuntu:~$ jupyter notebook
[I 14:28:46.797 NotebookApp] Serving notebooks from local directory: /home/qiwsir
[I 14:28:46.797 NotebookApp] 0 active kernels
[I 14:28:46.797 NotebookApp] The Jupyter Notebook is running at: http://localhost:8888/?token=b87a995704e95d9b7ca653e4065aa3c380c73f0aa3a8dd16
[I 14:28:46.797 NotebookApp] Use Control-C to stop this
```

```
server and shut down all kernels (twice to skip confirmation).
[C 14:28:46.801 NotebookApp]

    Copy/paste this URL into your browser when you connect
for the first time,
    to login with a token:
        http://localhost:8888/?token=b87a995704e95d9b7ca653e4065aa3c380c73f0aa3a8dd16
[I 14:28:51.780 NotebookApp] Accepting one-time-token-authenticated connection from 127.0.0.1
```

而后会自动打开默认浏览器，并出现类似图 A-2 的界面。

图 A-2　启动 Jupyter Notebook

单击如图 A-2 所示界面中的"New"下拉菜单，在其中选择"Python 3"。

图 A-3　创建 Python 3 的交互界面

在如图 A-3 所示的位置单击"Python 3"之后，会创建一个新的 Tab，这就是如图 A-4 所示的工作界面。

图 A-4　Jupyter Notebook 工作界面

在 Jupyter Notebook 中，可以将当前页面上的内容保存为扩展名是 .ipynb 的文件，可以传播这个文件，也可以将它导入 Jupyter Notebook 界面中。

A.2 简要使用方法

承接如图 A-4 所示的操作结果，完成如下操作。

```
In [1]: 1 + 2
Out[1]: 3
```

In[1] 表示一个代码块（此处演示只有一行，也可以输入多行，方法是每输入一行后按回车键，即在当前代码块继续输入下一行），输入完成之后，在按住 Shift 键的同时按回车键，则会执行当前代码块中的语句。Out[1] 显示的是当前代码块的执行结果。

Jupyter 的操作界面与常见的软件操作界面类似，读者也可以通过界面所提供的功能执行程序的编写、修改、调试等操作。《跟老齐学 Python：数据分析》一书中有对 Jupyter 使用方法的较为详细的介绍，推荐读者阅读参考。

附录 B　NumPy 简介

NumPy 是 Python 语言的一个第三方库，被广泛应用于数据分析领域。它可实现多维度数组与矩阵的高效运算，还提供了大量的数学函数。

B.1　安装

使用 pip 安装：pip install numpy。

B.2　创建数组对象

np.array() 是创建数组的基本方法，例如：

```
In [1]: a = np.array([1, 2, 3, 4])            # ①
        b = np.array([1, 2, 3, 4], dtype=float)    # ②
        a
Out[1]: array([1, 2, 3, 4])

In [2]: a.dtype
Out[2]: dtype('int64')

In [3]: b
Out[3]: array([ 1.,  2.,  3.,  4.])

In [4]: b.dtype
Out[4]: dtype('float64')
```

In[1] 的①和②分别创建了两个数组，①向 array() 传入的参数是 [1, 2, 3, 4]，②还多了 dtype=float，用于说明数组的类型。分别用 a、b 两个数组的 dtype 属性查看其元素类型（如 Out[2] 和 Out[4] 所示），a 是整数类型，b 则为浮点数类型。

```
In [5]: da = np.array([[1, 2, 3, 4], [5, 6, 7, 8], [9, 10,
                      11, 12]])
        da
Out[5]: array([[ 1,  2,  3,  4],
               [ 5,  6,  7,  8],
               [ 9, 10, 11, 12]])
```

In[5] 利用参数 [[1, 2, 3, 4], [5, 6, 7, 8], [9, 10, 11, 12]] 创建了多维数组。

```
In [6]: da.shape      # 数组的形状
Out[6]: (3, 4)

In [7]: da.size       # 数组的元素数量
Out[7]: 12

In [8]: da.ndim       # 数组的维度数量
Out[8]: 2
```

B.3 数组元素的类型

NumPy 内置的数组元素类型如表 B-1 所示。

表 B-1 NumPy 内置的数组元素类型

类型	字符编码	说明
int: int8, int16, int32, int64	i: i1, i2, i4, i8	有符号整数型。int8 表示其长度为 8 位（1 个字节），能够表示从 -128 至 127 范围内的整数。其他以此类推
uint: uint8, uint16, uint32, uint64	u: u1, u2, u4, u8	无符号整数型。位数含义同上
Bool	?	布尔型
float: float16, float32, float64, float128	f2, f4/f, f8/d, f16/g	浮点数。其中，float16 为半精度浮点数，float32 为单精度浮点数，float64 为双精度浮点数，float128 为扩展精度浮点数
complex: complex64, complex128, complex256	D: c8, c16, c32	复数。分别用 32 位、64 位或 128 位表示复数的实部和虚部
string_	S	固定长度的字符串类型
unicode_	U	固定长度的 unicode 类型

某个数组一经建立，其元素类型就已经确定，如果需要修改类型，则可以使用方法 astype。

```
In [9]: a = a.astype(np.float)     # 将原来的整数型修改为浮点数型
        a
Out[9]: array([ 1., 2., 3., 4.])
```

B.4 数组的下标

1. 下标是整数

```
In [10]: b = np.linspace(0, 100, 5)  # 创建一个元素是等差数列的数组
         b
Out[10]: array([   0.,   25.,   50.,   75.,  100.])
```

```
In [11]: b.shape
Out[11]: (5,)

In [12]: b[3]
Out[12]: 75.0
```

像 b[3] 那样，b 是一个数组，后面跟随方括号 [ ]，写在方括号里面的就是"下标"。

数组 b 的维度是一维的，b[3] 的下标 3 是整数。

```
In [13]: c = np.logspace(1, 3, 12).reshape(3, 4)    # reshape
实现数组变形
        c
Out[13]: array([[10.        ,  15.19911083,  23.101297  ,
                 35.11191734],
                [53.36699231,  81.11308308, 123.28467394,
                187.38174229],
                [284.80358684, 432.87612811, 657.93322466,
                1000.       ]])

In [14]: c.shape    # 数组的形状
Out[14]: (3, 4)

In [15]: c[1]
Out[15]: array([ 53.36699231,  81.11308308, 123.28467394,
                187.38174229])

In [16]: c[1][2]
Out[16]: 123.28467394420659
```

In[13] 创建了一个由等比数列组成的二维数组，这个数组的 0 轴上有 3 个元素，1 轴上是 4 个元素。c[1] 得到的是 0 轴上的第二个元素，如 Out[15] 所示，显然它又是一个一维数组。c[1][2] 得到一维数组 c[1] 中的索引是 2 的元素。

c[1][2] 这种写法，还可以简化为：

```
In [17]: c[1, 2]    # 或者 c[(1, 2)]
Out[17]: 123.28467394420659
```

在数组对象后面的 [ ] 中，按照从左到右的顺序，第一个整数所对应的是 0 轴上的索引，第二个整数所对应的是 1 轴上的索引，所得结果就是交点位置的数值。

2. 下标是列表

```
In [18]: three2 = b[[0, 2, 3]]    # b 是在 In[10] 所创建的数组
        three2
Out[18]: array([ 0., 50., 75.])
```

在 [ ] 里面放置的下标是一个列表 [0, 2, 3]（注意与 b[0, 2, 3] 和 b[(0, 2, 3)]

不同），返回对象是数组，数组的元素分别是 b[0]、b[2]、b[3] 所对应的值。

作为下标的列表，也可以仅仅有一个元素，返回的也是一个新的数组。

```
In [19]: b[[2]]
Out[19]: array([ 50.])
```

3. 下标是数组

```
In [20]: v = np.array([0, 1, 3])
         r = b[v]
         r
Out[20]: array([   0.,  100.,   75.])
```

In[20] 中建立了数组 v，然后用它作为下标得到数组 b 中的某些元素，即 b[v] 所得。

```
In [21]: b
Out[21]: array([   0.,  100.,   50.,   75.,  100.])

In [22]: t = b == 50
         t
Out[22]: array([False, False,  True, False, False],
               dtype=bool)
```

In[22] 是数组的一种操作，以"b == 50"这样一个简短的表达式，其实代替了一个 for 循环和一个 if 条件语句。

```
In [23]: b[t]
Out[23]: array([ 50.])
```

要想实现 In[23] 操作，则有一个必需的前提，就是数组 b 和数组 t 的形状一样，两者的元素就一一对应，按照对应关系，返回数组 t 中值为 True 的元素所对应的 b 中的元素，并组成数组对象。还有如下所示的类似操作。

```
In [24]: e = np.arange(10).reshape(2,5)
         t = e % 2 == 0
         e[t]
Out[24]: array([0, 2, 4, 6, 8])

In [25]: e[e > 6]
Out[25]: array([7, 8, 9])
```

B.5 数组的切片

```
In[26]:b = np.arange(0, 60, 10).reshape(-1, 1) + np.arange(0, 6)
       b
Out[26]: array([[ 0,  1,  2,  3,  4,  5],
                [10, 11, 12, 13, 14, 15],
                [20, 21, 22, 23, 24, 25],
```

```
                [30, 31, 32, 33, 34, 35],
                [40, 41, 42, 43, 44, 45],
                [50, 51, 52, 53, 54, 55]])
In [27]: b[1: 4]
Out[27]: array([[10, 11, 12, 13, 14, 15],
                [20, 21, 22, 23, 24, 25],
                [30, 31, 32, 33, 34, 35]])

In [28]: b[1 : 4, 2 : 5]
Out[28]: array([[12, 13, 14],
                [22, 23, 24],
                [32, 33, 34]])
```

b[1: 4] 是在 0 轴方向上切片，得到了按照 0 轴方向上元素为单元的切片后数组。

b[1 : 4, 2 : 5] 是先在 0 轴方向上"切出一片"，然后在 1 轴上按照 [2 : 5] 的要求"切出"，最终得到了如 Out[28] 所示的"那一片"。

其他更多的切片操作如下所示。

```
In [29]: b[0]
Out[29]: array([0, 1, 2, 3, 4, 5])

In [30]: b[1, :]
Out[30]: array([10, 11, 12, 13, 14, 15])
```

```
In [31]: b[: , 2]
Out[31]: array([ 2, 12, 22, 32, 42, 52])

In [32]: b[0 : 2, 0 : 2]
Out[32]: array([[ 0,  1],
                [10, 11]])
```

```
In [33]: b[::2, ::2]
Out[33]: array([[ 0,  2,  4],
                [20, 22, 24],
                [40, 42, 44]])

In [34]: b[:3 , [0, 3]]
Out[34]: array([[ 0,  3],
                [10, 13],
                [20, 23]])
```

B.6 常用操作举例

1. 数组变形

所谓数组变形，就是将一个已有数组按照要求改变其形状后新生成一个数组，新数组的所有元素都来自原数组，并且元素数量也保持不变，变的只有形状。

```
In [35]: np.arange(10).reshape((2, 5))
Out[35]: array([[0, 1, 2, 3, 4],
                [5, 6, 7, 8, 9]])
```

2. 水平组合

实现水平组合功能的函数形式是 **np.hstack(tup)**，其中参数 tup 是一个元组，包含即将被组合在一起的几个数组。下面演示假设是二维数组，要求其 0 轴方向的形状应该一样，1 轴方向的形状可以不同。

```
In [36]: a = np.arange(9).reshape(3, 3)
```

```
             b = np.arange(12).reshape(3, 4)
             c = np.arange(15).reshape(3, 5)

In [37]: np.hstack((a, b))
Out[37]: array([[ 0,  1,  2,  0,  1,  2,  3],
                [ 3,  4,  5,  4,  5,  6,  7],
                [ 6,  7,  8,  8,  9, 10, 11]])

In [38]: np.hstack((a, b, c))
Out[38]: array([[ 0,  1,  2,  0,  1,  2,  3,  0,  1,  2,  3,  4],
                [ 3,  4,  5,  4,  5,  6,  7,  5,  6,  7,  8,  9],
                [ 6,  7,  8,  8,  9, 10, 11, 10, 11, 12, 13, 14]])
```

此外还有实现水平组合的两种方法：一是 np.stack()，二是 np.concatenate()。这两个函数的使用方法雷同，能够按照任何方向实现数组的组合。

3. 垂直组合

前面的"水平"组合是沿着 1 轴组合，这里的垂直组合则是沿着与 1 轴垂直方向的 0 轴组合。

```
In [39]: a.shape, b.shape
Out[39]: ((3, 3), (3, 4))

In [40]: b2 = b.T       # 对原数组转置
         b2.shape
Out[40]: (4, 3)

In [41]: np.vstack((a, b2))      # 垂直方向组合
Out[41]: array([[ 0,  1,  2],
                [ 3,  4,  5],
                [ 6,  7,  8],
                [ 0,  4,  8],
                [ 1,  5,  9],
                [ 2,  6, 10],
                [ 3,  7, 11]])
```

np.concatenate() 在传入轴的参数之后，也能实现垂直组合，与上述操作等效。

```
In [42]: np.concatenate((a, b2), axis=0)
Out[42]: array([[ 0,  1,  2],
                [ 3,  4,  5],
                [ 6,  7,  8],
                [ 0,  4,  8],
                [ 1,  5,  9],
                [ 2,  6, 10],
                [ 3,  7, 11]])
```

4. 数组的分割

np.split() 是一个比较通用的分割方法。

```
In [43]: a = np.arange(24).reshape(4, 6)
         a
Out[43]: array([[ 0,  1,  2,  3,  4,  5],
                [ 6,  7,  8,  9, 10, 11],
                [12, 13, 14, 15, 16, 17],
                [18, 19, 20, 21, 22, 23]])

In [44]: np.split(a, 2, axis=1)
Out[44]: [array([[ 0,  1,  2],
                 [ 6,  7,  8],
                 [12, 13, 14],
                 [18, 19, 20]]), array([[ 3,  4,  5],
                 [ 9, 10, 11],
                 [15, 16, 17],
                 [21, 22, 23]])]

In [45]: np.split(a, 2, axis=0)
Out[45]: [array([[ 0,  1,  2,  3,  4,  5],
                 [ 6,  7,  8,  9, 10, 11]]), array([[12, 13,
                 14, 15, 16, 17],[18, 19, 20, 21, 22, 23]])]
```

在 np.split() 方法中根据 axis 来确定分割的方向,此外,针对每个方向的分割,也有专门的函数,如同组合那样。

```
In [46]: np.hsplit(a, 2)
Out[46]: [array([[ 0,  1,  2],
                 [ 6,  7,  8],
                 [12, 13, 14],
                 [18, 19, 20]]), array([[ 3,  4,  5],
                 [ 9, 10, 11],
                 [15, 16, 17],
                 [21, 22, 23]])]

In [47]: np.vsplit(a, 2)
Out[47]: [array([[ 0,  1,  2,  3,  4,  5],
                 [ 6,  7,  8,  9, 10, 11]]), array([[12, 13,
                 14, 15, 16, 17],[18, 19, 20, 21, 22, 23]])]
```

B.7 简单的统计函数

表 B-2 列出了 NumPy 中常用且简单的统计函数,能够得到常用的数据统计量。

表 B-2 简单的统计函数

函数	说明
np.mean, np.average	计算平均值, 加权平均值
np.var	计算方差
np.std	计算标准差
np.min, np.max	计算最小值、最大值
np.argmin, np.argmax	返回最小值、最大值的索引
np.ptp	计算全距, 即最大值和最小值的差
np.percentile	计算百分位在统计对象中的值
np.median	计算统计对象的中值
np.sum	计算统计对象的和

附录 C　Pandas 简介

Pandas 也是 Python 语言为数据科学提供的常用库。本附录对相关知识做简要介绍，以便读者快速了解和使用。

C.1　安装

使用 pip 安装：pip install pandas。

C.2　Series 对象

Series 对象是 Pandas 中的一维数据对象。

```
In [1]: import pandas as pd
        pd.Series(data=[100, 200, 300])
Out[1]: 0    100
        1    200
        2    300
        dtype: int64
```

In[1] 创建了一个 Series 对象，其中 data 是列表。还可以如 In[2] 所示创建 Series 对象，并规定索引。

```
In [2]: pd.Series(100, index=['a', 'b', 'c'])
Out[2]: a    100
        b    100
        c    100
        dtype: int64
```

对于每个 Series 对象，都有 index 和 values 两个基本属性，可以分别获得标签索引和元素值。

C.3　DataFrame 对象

DataFrame 对象类似于二维表格，是数据科学中常用的对象类型。

```
In [3]: gp = pd.DataFrame([[27466.15, 2419.70], [24899.30,
                          2172.90],[19610.90, 1350.11],
                          [19492.60, 1137.87], [17885.39,
                          1562.12], [17558.76, 3016.55],
```

```
                              [15475.09, 1375.00], [12170.20,
                              1591.76]])
         gp
Out[3]:
                    0        1
         0   27466.15  2419.70
         1   24899.30  2172.90
         2   19610.90  1350.11
         3   19492.60  1137.87
         4   17885.39  1562.12
         5   17558.76  3016.55
         6   15475.09  1375.00
         7   12170.20  1591.76
```

In[3] 利用多维列表创建了 DataFrame 对象。

```
In [4]: gp.index = ['SHANGHAI', 'BEIJING', 'GUANGZHOU',
                    'SHENZHEN', 'TIANJIN', 'CHONGQING',
                    'SUZHOU', 'CHENGDU']
         gp.columns = ['GDP', 'Population']
         gp
Out[4]:
                      GDP        Population
         SHANGHAI    27466.15    2419.70
         BEIJING     24899.30    2172.90
         GUANGZHOU   19610.90    1350.11
         SHENZHEN    19492.60    1137.87
         TIANJIN     17885.39    1562.12
         CHONGQING   17558.76    3016.55
         SUZHOU      15475.09    1375.00
         CHENGDU     12170.20    1591.76
```

如果在创建 DataFrame 对象时给 index 和 columns 传入参数，则可以采用如下方式。

```
In [6]: gp = pd.DataFrame([[27466.15, 2419.70], [24899.30,
                           2172.90],[19610.90, 1350.11],
                           [19492.60, 1137.87],[17885.39,
                           1562.12], [17558.76, 3016.55],
                           [15475.09, 1375.00], [12170.20,
                           1591.76]],
                    index=['SHANGHAI', 'BEIJING', 'GUANGZHOU',
                           'SHENZHEN','TIANJIN', 'CHONGQING',
                           'SUZHOU', 'CHENGDU'],
                    columns=['GDP', 'Population'])
```

创建 DataFrame 除了使用列表，还可以使用字典。

```
In [7]: pd.DataFrame({"city":["beijing", "beijing", "hubei",
                              "shanghai"],
                      "marks": [100.00, 96.91, 82.57, 82.47]},
                     index=["PKU", "Tsinghua", "WHU", "Fudan" ])
```

```
Out[7]:
                city        marks
        PKU         beijing     100.00
        Tsinghua    beijing     96.91
        WHU         hubei       82.57
        Fudan       shanghai    82.47
```

C.4　数据格式转换

在 Jupyter 中输入 pd.DataFrame.from_，接着按下 Tab 键，会看到如图 C-1 所示的效果。

```
pd.DataFrame.from_
pd.DataFrame.from_csv
pd.DataFrame.from_dict
pd.DataFrame.from_items
pd.DataFrame.from_records
```

图 C-1　提示效果

```
In [8]: dict_gdp = {"GDP": [27466.15, 24899.30, 19610.90,
                   19492.60],"Population": [2419.70, 2172.90,
                   1350.11, 1137.87]}
        pd.DataFrame.from_dict(dict_gdp)
Out[8]:
             GDP    Population
        0  27466.15     2419.70
        1  24899.30     2172.90
        2  19610.90     1350.11
        3  19492.60     1137.87

In [9]: pd.DataFrame.from_dict(dict_gdp, orient="index")
Out[9]:
                      0          1        2         3
        GDP         27466.15   24899.3  19610.90  19492.60
        Population  2419.70    2172.9   1350.11   1137.87
```

In[8] 和 In[9] 使用 from_dict 创建了 DataFrame 对象，也可以理解为将字典转化为 DataFrame 对象。

pd.DataFrame.from_* 类的方法是把其他类型的数据转化为 DataFrame 对象，其逆过程则是把 DataFrame 对象转为其他类型。

```
In [10]: gp     # 已经创建的一个 DataFrame 对象
Out[10]:
         Items          GDP            Population
         City_Name
         SHANGHAI       27466.15       2419.70
         BEIJING        24899.30       2172.90
```

```
             GUANGZHOU         19610.90          1350.11
             SHENZHEN          19492.60          1137.87
             TIANJIN           17885.39          1562.12
             CHONGQING         17558.76          3016.55
             SUZHOU            15475.09          1375.00
             CHENGDU           12170.20          1591.76

In [11]: gp.to_csv("/home/qiwsir/Documents/data_analysis/gp.csv",
                   columns=["GDP", "Population"],
                   index_label=["SHANGHAI", "BEIJING",
                                "GUANGZHOU", SHENZHEN",
                                "TIANJIN", "CHONGQING",
                                "SUZHOU", "CHENGDU"],
                   header=False)
In [12]: !head/home/qiwsir/Documents/DataAnalysis/chapter02/gp.csv
         SHANGHAI,27466.15,2419.7
         BEIJING,24899.3,2172.9
         GUANGZHOU,19610.9,1350.11
         SHENZHEN,19492.6,1137.87
         TIANJIN,17885.39,1562.12
         CHONGQING,17558.76,3016.55
         SUZHOU,15475.09,1375.0
         CHENGDU,12170.2,1591.76
```

gp 是我们在前面已经建立的一个 DataFrame 对象，gp.to_csv() 是将这个 DataFrame 对象保存到 .csv 文件中。In[12] 是在 Jupyter 中执行查看保存的 CSV 文件内容的操作。

如图 C-2 所示，还可以将 DataFrame 对象保存为其他多种类型的文件。

```
pd.DataFrame.to_clipboard
pd.DataFrame.to_csv
pd.DataFrame.to_dense
pd.DataFrame.to_dict
pd.DataFrame.to_excel
pd.DataFrame.to_feather
pd.DataFrame.to_gbq
pd.DataFrame.to_hdf
pd.DataFrame.to_html
pd.DataFrame.to_json
```

图 C-2　保存类型

C.5　索引和切片

1. Series 对象

```
In [1]: g = np.array([27466.15, 24899.3, 19610.9, 19492.4,
                      17885.39, 17558.76,
                      15475.09, 12170.2])
```

```
            gdp = pd.Series(g, index=['shanghai', 'beijing',
                                      'guangzhou', 'shenzhen',
                                      'tianjin', 'chongqing',
                                      'suzhou', 'chengdu'])
```

从 Python 中的序列类型对象到 NumPy 的数组，要获取原数据的一部分，我们都使用 [ ] 符号，现在对于 Pandas 的数据，也依然秉承这一做法。

```
In [2]: gdp['suzhou']
Out[2]: 15475.09
```

在 [ ] 里面放置的是标签索引的一个值，类似于在数组中以整数为下标，gdp['SUZHOU'] 以某一个标签索引值为下标，得到其相对应的数据。

根据上面的操作不难看出，在 Series 对象中，每个标签索引的值与数据值是一一对应的。索引与数据之间的这种映射关系，很类似于 Python 中字典对象的"键（key）-值（value）"之间的映射关系。因此，从这方面看，Series 对象是类字典的对象，那么也就可以使用字典的一些方法进行操作。

```
In [3]: "shanghai" in gdp
Out[3]: True

In [4]: "hangzhou" in gdp
Out[4]: False

In [5]: gdp.keys()
Out[5]: Index(['shanghai', 'beijing', 'guangzhou', 'shenzhen',
              'tianjin', 'chongqing','suzhou', 'chengdu'],
dtype='object')
```

Series 对象也类似一维数组的对象，可以仿照数组中对下标的操作。

```
In [6]: gdp[['suzhou', 'shanghai', 'beijing']]
Out[6]: suzhou      15475.09
        shanghai    27466.15
        beijing     24899.30
        dtype: float64
```

gdp[['suzhou', 'shanghai', 'beijing']] 的下标是由标签索引组成的列表，得到了相应数据组成的新的 Series 对象。

```
In [7]: gdp[gdp>20000]
Out[7]: shanghai    27466.15
        beijing     24899.30
        dtype: float64
```

2. DataFrame 对象

```
In [8]: population = pd.Series([2415.27, 2151.6, 1270.08],
                               index=["shanghai", "beijing",
                                      "guangzhou"])
```

```
            gdp = pd.Series([27466, 24899, 19611],
                           index=["shanghai", "beijing",
                                  "guangzhou"])
            d = pd.DataFrame({'gdp':gdp, 'pop':population})
            d
Out[8]:
                     gdp        pop
         shanghai    27466      2415.27
         beijing     24899      2151.60
         guangzhou   19611      1270.08
```

DataFrame 类似于二维数组，很多操作也大同小异，包括下标和切片。

```
In [9]: d['gdp']
Out[9]: shanghai     27466
        beijing      24899
        guangzhou    19611
        Name: gdp, dtype: int64

In [10]: d.iloc[1]
Out[10]: gdp    24899.0
         pop     2151.6
         Name: beijing, dtype: float64

In [11]: d.iloc[1, 1]
Out[11]: 2151.5999999999999

In [12]: d.iloc[1:3, :2]
Out[12]:
                     gdp        pop
         beijing     24899      2151.60
         guangzhou   19611      1270.08
```

如果仅取某列数据，可以根据列名称（或者是字段名称）直接获得。

```
In [13]: d['pop']
Out[13]: shanghai     2415.27
         beijing      2151.60
         guangzhou    1270.08
         Name: pop, dtype: float64
```

如果要获得某些行的切片，可以用下述多种方式，在具体操作中可以根据实际情况选用。

```
In [14]: d["beijing" : "guangzhou"]
Out[14]:
                     gdp        pop
         beijing     24899      2151.60
         guangzhou   19611      1270.08
```

```
In [15]: d.loc["beijing":"guangzhou"]
Out[15]:
                gdp      pop
      beijing   24899    2151.60
    guangzhou   19611    1270.08

In [16]: d.iloc[1:]
Out[16]:
                gdp      pop
      beijing   24899    2151.60
    guangzhou   19611    1270.08
```

C.6 读 CSV 文件

CSV 文件是常见的保存数据的文件，Pandas 中提供了方法"pd.read_csv"，其完整的参数列表如下。

```
pd.read_csv(filepath_or_buffer, sep=',', delimiter=None,
header='infer', names=None, index_col=None, usecols=None,
squeeze=False, prefix=None, mangle_dupe_cols=True, dtype=None,
engine=None, converters=None, true_values=None, false_values=None,
skipinitialspace=False, skiprows=None, nrows=None, na_values=None,
keep_default_na=True, na_filter=True, verbose=False, skip_blank_
lines=True, parse_dates=False, infer_datetime_format=False, keep_
date_col=False, date_parser=None, dayfirst=False, iterator=False,
chunksize=None, compression='infer', thousands=None, decimal=b'.',
lineterminator=None, quotechar='"', quoting=0, escapechar=None,
comment=None, encoding=None, dialect=None, tupleize_cols=False,
error_bad_lines=True, warn_bad_lines=True, skipfooter=0,
skip_footer=0, doublequote=True, delim_whitespace=False, as_
recarray=False, compact_ints=False, use_unsigned=False, low_
memory=True, buffer_lines=None, memory_map=False, float_
precision=None)
```

表 C-1 中给出 read_csv() 的部分常用参数的说明，供参考。

表 C-1　read_csv() 的部分常用参数的说明

参数	数据类型	说明
filepath_or_buffer	字符串（文件），或其他类文件对象	文件、文件的 URL、字符串等能够读取的对象地址
sep	字符串	分隔符，默认为"，"，可以是其他字符串或正则表达式
delimiter	字符串	同上。在设置分隔符时，二选一地使用 sep 和 delimiter
header	整数、整数元素的列表	默认为 infer。以整数表示该行作为列标签（字段名称），比如 header=0，意味着数据表的第一行作为列标签。也可以是由整数组成的列表。如果不指定，则表示 None

续表

参数	数据类型	说明
names	列表和类数组对象	默认为 None。当 header=None 时，以列表指定列的标签
index_col	整数、字符串	默认为 None。以整数或者字符串指定某一列或者多列作为索引
converters	字典	默认为 None。由列序号或者列标签作为 key，函数作为 value 组成的字典，相应列的数据被传入该函数
skiprows	整数、列表	默认为 None。忽略的行号（列表）或者忽略的行数（整数），都是从文件开始的第一行算起，并记为 0
skipfooter	整数	默认为 0。从文件末尾开始算起的忽略的行数
nrows	整数	默认为 None。指定需要读取的行数（相对文件开始）
na_values	数字、字符串、类列表、字典	默认为 None。用于替换 NA 的值
parse_dates	布尔、列表、字典	默认为 False。如果为 True，则解析索引；如果是由列序号或者列标签组成的列表，则解析相应的列为日期列。如果是由列表元素组成的列表，比如 [[1, 3]]，则将序号为 1、3 的列组合起来解析为一个日期列。如果是类似 {'foo' : [1, 3]} 样式的字典，则将序号为 1、3 的列解析为一个日期列并命名为 'foo'
keep_date_col	布尔型	默认为 False。若 parse_dates 指定了合并的多个列，当为 True 时，会保持原有的列依然存在
date_parser	函数	默认为 False。指定用于转换日期的函数。在默认情况下使用 dateutil.parser.parser
dayfirst	布尔型	如果为 True，则将日期解析为国际格式，即 DD/MM 格式
iterator	布尔型	默认为 False。如果为 True，则返回 TextFileReader 对象，以便用 get_chunk() 函数逐块地读取数据
chunksize	整数型	默认为 None。指定文件块的大小，返回用于迭代的 TextFileReader 对象
comment	字符串	默认为 None。该字符后面的内容是注释，不被作为数据读入。例如 comment='#'，则表示含有 "#" 符号的之后的内容被作为注释忽略
encoding	字符串	默认为 None。指定编码格式，比如常用 'utf-8'

```
In [17]: gdp = pd.read_csv("/home/qiwsir/Documents/DataAnalysis
                /chapter02/gdp-population.csv")
         gdp
Out[17]:
            City_Name      GDP           Population
      0     SHANGHAI       27466.15      2419.70
      1     BEIJING        24899.30      2172.90
      2     GUANGZHOU      19610.90      1350.11
      3     SHENZHEN       19492.60      1137.87
      4     TIANJIN        17885.39      1562.12
```

```
    5      CHONGQING     17558.76     3016.55
    6      SUZHOU        15475.09     1375.00
    7      CHENGDU       12170.20     1591.76
```

如果需要重命名所有列标签的名称，则进行如下操作：

```
In [18]: pd.read_csv("/home/qiwsir/Documents/DataAnalysis
                     /chapter02/gdp-population.csv",
                     names=['CITY', 'GDP', 'POP'])
Out[18]:
         CITY          GDP          POP
    0    City_Name     GDP          Population
    1    SHANGHAI      27466.15     2419.70
    2    BEIJING       24899.30     2172.90
    3    GUANGZHOU     19610.90     1350.11
    4    SHENZHEN      19492.60     1137.87
    5    TIANJIN       17885.39     1562.12
    6    CHONGQING     17558.76     3016.55
    7    SUZHOU        15475.09     1375.00
    8    CHENGDU       12170.20     1591.76
```

对于其他使用需要，请读者参照参数列表执行。

附录 D　Matplotlib 简介

Matplotlib 是 Python 生态中比较资深的绘图工具。随着技术的进步和时代的变迁，现在能够实现数据可视化的工具越来越多，它们都欲向 Matplotlib 发起挑战。尽管如此，Matplotlib 的地位依然稳固，并且有很多新生代也是依靠它而建立的。

D.1　安装

基本安装方法如下：

```
$ pip install matplotlib
```

除此之外，如果需要安装一些依赖程序，可以参考如下操作（以 Ubuntu 系统为例）。

```
$ sudo apt-get install libpng-dev
$ sudo apt-get install libpng-dev
$ sudo apt-get install python-tk
```

D.2　在 Jupyter 中绘图

```
In [1]: %matplotlib inline
```

In[1] 使用了魔法命令 "%matplotlib inline"，当得到上述反馈之后，则意味着生成的图将插入当前浏览器中。如果不写，则会在一个新窗口中显示制图结果。

```
In [2]: import numpy as np
        import matplotlib.pyplot as plt
        x = np.linspace(0, 2*np.pi, 100)
        y1 = np.sin(x)
        plt.plot(x, y1)
Out[2]: [<matplotlib.lines.Line2D at 0x7ff5d2a3e8d0>]
```

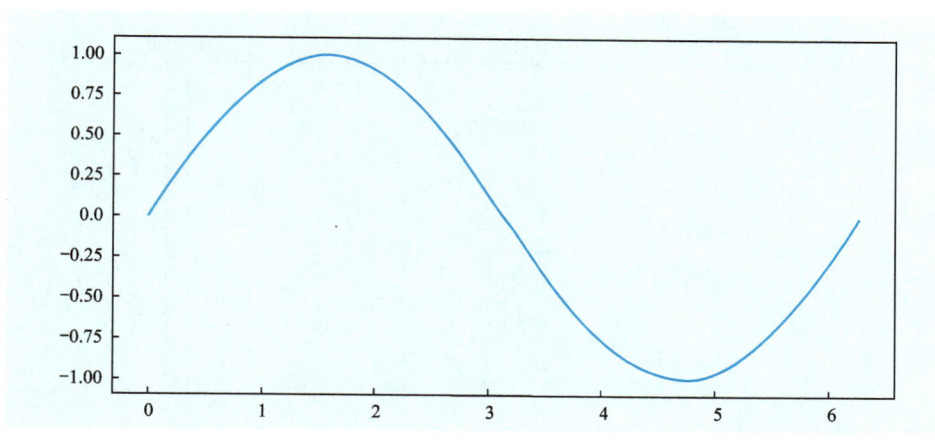

如 In[2] 所示的代码称为"MATLAB 风格",此外,还有一种遵循"面向对象思想"的代码风格。首先创建 Figure 对象,它就类似于一张画布,然后在这张画布上绘制其他对象。

```
In [3]: fig = plt.figure()
        ax = fig.add_axes([0.1, 0.1, 0.8, 0.8])
        x = np.linspace(0, 2*np.pi, 100)
        ax.plot(x, np.sin(x))
```

"面向对象思想"的代码风格和"MATLAB 风格"没有优劣之分,完全由使用场景和个人好恶而定,请读者也不必厚此薄彼。

D.3 常见图像

1. 散点图

```
In[4]: rng = np.random.RandomState(0)     #①
       x = rng.randn(100)        #②
       y = rng.randn(100)
       colors = rng.rand(100)     #③
       sizes = 1000 * rng.rand(100)
       plt.scatter(x, y, c=colors, s=sizes, alpha=0.3)    #④
       plt.colorbar()    #⑤
```

①的 np.random.RandomState() 是一个伪随机数发生器,通过此对象的方法获得随机数。

②所得到的是一维数组,该数组的元素是 100 个符合高斯正态分布的随机数。

③得到的也是一个一维数组,它的元素是 100 个大于或等于 0 且小于 1 的浮点数。

用于绘图的数据都是随机得到的,足够"散",然后画图,这次不用 plt.plot(),而是用④中的 plt.scatter(),先看看它的执行结果。

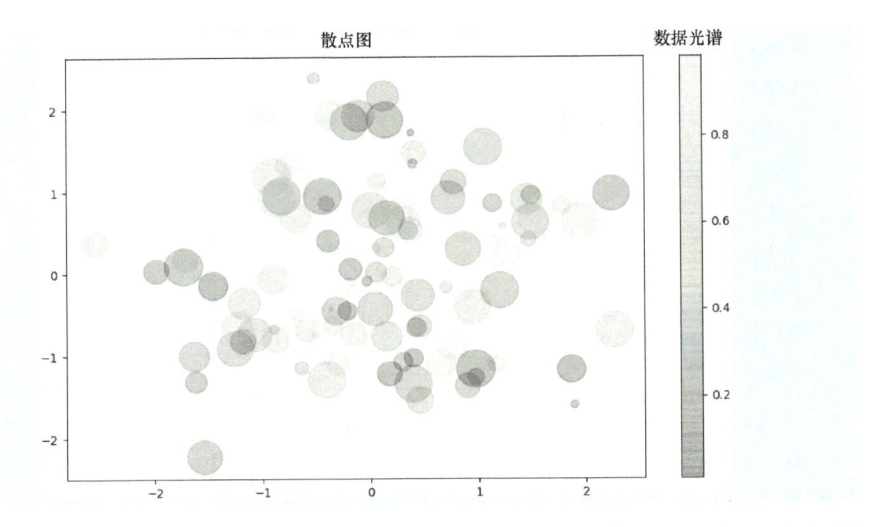

散点图　　　　　　　　　数据光谱

plt.scatter() 中的参数 x 和 y 显然对应的是坐标系的横、纵坐标，在本例中一共组合了 100 个点；c=colors 指定了每个点的颜色。

⑤中又出现了一个新的函数，plt.colorbar() 的作用是出现了 In[4] 生成的图右侧的彩色条——其名称的英文为 colorbar，可译为"数据光谱"。

2. 柱形图

柱形图，是一种常见的统计图，在 Matplotlib 中绘制柱形图的函数是 bar()。

```
In[5]: %matplotlib
       import numpy as np
       import pandas as pd
       import matplotlib.pyplot as plt
In[6]: data = [2, 10, 4, 8, 6]
       position = [1, 2, 3, 4, 5]
       plt.bar(x=position, height=data)
```

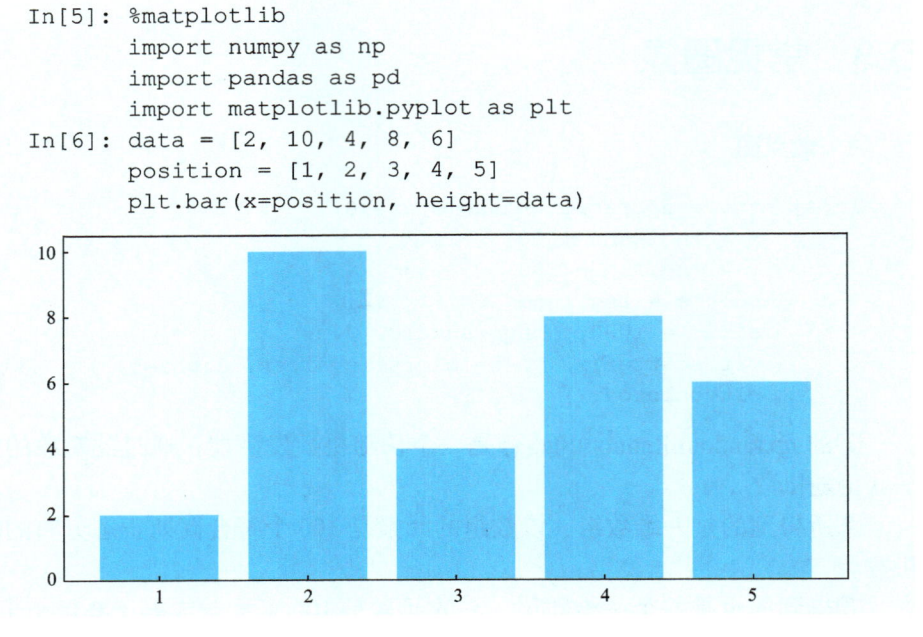

柱形图中"柱子"的基本位置和长宽，由 left、height、width、bottom 确定。
- x："在默认情况下，其值是"柱子"竖直中线的位置，从 In[6] 所得到的图中显见，每个"柱子"的竖直中线依次在 position 所示的位置。
- height："柱子"的高度。也可以将 left=position 理解为 x 轴数据，

height 则为相应的 y 轴数据。
- width=0.8："柱子"的宽度，默认为 0.8。
- bottom："柱子"底部与 x 轴的距离，默认为 None，即距离都为 0。

3. 箱线图

Matplotlib 绘制箱线图的函数是 boxplot()。

```
In[7]: np.random.seed(123)
       d1 = np.random.normal(100, 10, 200)
       d2 = np.random.normal(80, 30, 200)
       d3 = np.random.normal(90, 20, 200)
       d4 = np.random.normal(70, 25, 200)
       data = [d1, d2, d3, d4]

       fig = plt.figure(1, figsize=(9, 6))
       ax = fig.add_subplot(111)
       bp = ax.boxplot(data, patch_artist=True)    # 绘制箱线图
       # 下面开始对箱线图的各部分进行装饰
       for box in bp['boxes']:        # 箱体
           box.set(color='#666600', linewidth=2)
           box.set(facecolor='#CCCCCC')

       for whisker in bp['whiskers']:      # 须线
           whisker.set(color='#009933', linewidth=6)

       for cap in bp['caps']:       # 极值线
           cap.set(color='#660066', linewidth=2)

       for median in bp['medians']:     # 中值标识
           median.set(color='#663300', linewidth=2)

       for flier in bp['fliers']:      # 离群值标识
           flier.set(marker='^', color='#990033', alpha=0.5)
```

4. 饼图

饼图也是常用的统计图表，它显示一个数据系列中各项的大小与各项总和的比例。在 Matplotlib 中，使用 pie() 方法绘制饼图。

```
In[8]: x = [2, 4, 6 ,8]
       fig, ax = plt.subplots()
       labels = ['A', 'B', 'C', 'D']
       colors = ['red', 'yellow', 'blue', 'green']
       explode = (0, 0.1, 0, 0)
       ax.pie(x, explode=explode,
              labels=labels, colors=colors, autopct='%1.1f%%',
              shadow=True, startangle=90, radius=1.2)      #①
       ax.set(aspect="equal", title='Pie')
```

利用 In[8] 的代码，画出了一张漂亮的饼图。与以往的图像一样，参数是控制饼图形状的关键，这里对①中的参数做简要说明。

- x：数据源。
- explode："扇面"的偏离。图中是一个"饼"，被分成了 4 个"扇面"，explode 中第二个数 0.1，对应 B"扇面"偏离 0.1，其他为零，即不偏离。
- labels：为每个"扇面"设置标示。
- colors：为每个"扇面"设置颜色。
- autopct：按照规定格式在每个"扇面"上显示百分比。
- shadow：确定是否有阴影。
- startangle：第一个"扇形"开始的角度，然后默认为按逆时针旋转。
- radius：半径大小。

后 记

非常感谢读者阅读本书。

相对于数据科学项目的复杂性而言,本书中所阐述的数据准备和特征工程的各项操作只能算是一些基本的方法,不能涵盖实际项目中的所有情况。尽管书中为此专门开始了"扩展探究"栏目,希望通过此栏目为读者提供更多相关知识,但也只能是冰山一角而已。

在数据科学项目中,由于数据本身的多样性和复杂性,使得工程师和研究者要运用各种可能的方法、技术对数据进行预处理,包括但不限于本书中所说的内容。除此之外,数据预处理和后面的数据分析或者机器学习等环节之间是相互探索的过程,在实际业务中需要不断调整两部分的操作,以期最终得到更优解。

在数据科学项目中,数据准备和特征工程又是考验工程师的耐心、细心和创造性的过程。过程枯燥,耗费时间;数据凌乱,需要细心观察、比较每次处理结果;没有完全固定的流程,每个项目中都会遇到不一样的数据,要秉承"具体问题具体分析"的基本思想,发挥自己的创造力——创造力来自扎实的基本功。

在数据科学项目中,数据准备和特征工程既占据着较长时间,又决定结果的优劣。因此,读者务必认真对待。

齐 伟

反侵权盗版声明

电子工业出版社依法对本作品享有专有出版权。任何未经权利人书面许可，复制、销售或通过信息网络传播本作品的行为；歪曲、篡改、剽窃本作品的行为，均违反《中华人民共和国著作权法》，其行为人应承担相应的民事责任和行政责任，构成犯罪的，将被依法追究刑事责任。

为了维护市场秩序，保护权利人的合法权益，我社将依法查处和打击侵权盗版的单位和个人。欢迎社会各界人士积极举报侵权盗版行为，本社将奖励举报有功人员，并保证举报人的信息不被泄露。

举报电话：（010）88254396；（010）88258888
传　　真：（010）88254397
E-mail： dbqq@phei.com.cn
通信地址：北京市万寿路 173 信箱
　　　　　电子工业出版社总编办公室
邮　　编：100036